火电厂分散控制系统原理及应用

◎ 翟永杰　王学厚　张　悦　石金宝　韩　璞　编著

中国电力出版社

CHINA ELECTRIC POWER PRESS

内 容 提 要

分散控制系统已经在工业控制领域得到了广泛的应用。本书共七八章，主要介绍了火电厂过程控制概述、分散控制系统概述、数据的采集与预处理、数据的运算、数据的显示和操作、数据的传递、数据的保障，以及分散控制系统的应用。

本书对于从事火电厂分散控制系统操作、调试、运行等方面的工作人员具有指导作用，也可作为研究分散控制系统的科技工作者的参考用书。

图书在版编目(CIP)数据

火电厂分散控制系统原理及应用/翟永杰等编著. —北京：中国电力出版社，2010.9（2023.2 重印）
ISBN 978-7-5123-0531-1

Ⅰ.①火…　Ⅱ.①翟…　Ⅲ.①火电厂-分散控制-控制系统
Ⅳ.①TM621.6

中国版本图书馆 CIP 数据核字(2010)第 111094 号

中国电力出版社出版、发行

北京市东城区北京站西街 19 号（邮政编码 100005）　http://www.cepp.sgcc.com.cn
北京天泽润科贸有限公司
各地新华书店经售

*

2010 年 9 月第一版　2023 年 2 月北京第六次印刷
787 毫米×1092 毫米　16 开本　13 印张　314 千字
印数 7501—8000 册　定价 **40.00** 元

自 序

20世纪人类最伟大的发明是计算机。计算机的出现，推动了科学技术的发展，乃至改变了人们的生活方式和行为方式。在我们的现代生活中很难想象哪里不用计算机，计算机渗透到现代社会的每一个角落。

控制科学与工程是伴随着计算机的发展而发展的。在20世纪40年代，麻省理工学院维纳（N. Wiener）教授发表了《控制论》著作，标志着控制理论体系已经形成，至今已经有60余年。在这60余年里，可以把控制论的发展分为三个阶段。第一阶段为经典控制理论阶段：Lyapunov稳定理论、PID控制律、反馈放大器、Nyquist与Bode图是这阶段的理论基础，基于复频域，研究单输入单输出控制系统的分析与设计问题。控制论与计算机的发明几乎是在同一时间，那时计算机的性能还很低，也只有少数人才能接触到计算机。因此，在此阶段控制系统的分析和设计主要依靠手工计算和一些图表的帮助。第二阶段为现代控制理论阶段：20世纪60-70年代，由于计算机的飞速发展，推动了空间技术的发展，控制系统变得越来越复杂，单输入—单输出的传递函数已不能描述现在的复杂系统，这时出现了状态空间法。这一阶段的主要内容是线性系统理论、建模和系统辨识、最优滤波原理，以及最优控制理论。在现代控制理论阶段，计算机还没有像现在这样普及，计算机的应用还仅限于航空航天、军事等，现代控制理论的应用也就局限于这些领域。在民用的工程实际中，人们还是应用经典控制理论进行科学研究。因此，现代控制理论的发展速度是很缓慢的。第三阶段为当代控制理论阶段：随着计算机在工程上的普遍应用，涌现出一批新型的控制策略，这些控制策略结构复杂，不借助于计算机根本无法实现。这些控制策略有些已经成为自动控制理论的重要分支。例如自适应控制、预测控制、智能控制、鲁棒控制等。该阶段的主要特征是控制算法变成以计算机为基础，控制算法不依赖于被控对象模型、时域、直接目标函数。之所以称这阶段为当代控制理论阶段，是为了与现代控制理论阶段进行区分。

1981年，个人计算机（PC机）的问世大大加速了控制科学与工程的发展。PC 机出现后，使得一般科技工作者都能使用计算机。在 20 世纪 80 年代，从事自动控制的科技工作者们，把经典控制理论和现代控制理论中的数学算法都编制成了计算机程序，人们称之为计算机辅助设计。但是，我们不难发现，经典控制理论是在没有计算工具的情况下形成的，因此，80 年代后，控制系统数字仿真得到了快速的发展。至此，在工程中，对控制系统的分析和设计转向了在时域进行数字仿真和直接优化，经典控制理论中的复频域方法逐渐淡出。

控制设备的发展更是离不开计算机的发展。它可以大致分为以下几个发展阶段：

就地式仪表：所谓就地式仪表就是控制仪表安装在现场，如果要对某设备进行操作，就必须走到控制设备跟前。那时的仪表系统封闭，无法与外界沟通。那时的控制是"行走式"。

电动单元组合仪表：这个阶段又分为三个时期。第一时期的仪表以电子管作基本电子器件，体积较大，热耗较高，结构上功能分离，构成的控制系统复杂，操作整定麻烦，盘后接线杂乱。第二时期的仪表是随着半导体器件生产技术的显著进展而发展的，它以晶体管和小型电子器件为基本元件，体积大大缩小，采用"功能合一"的结构，可同时完成控制、操作、显示，仪表的抗震性和功耗均优于先期的仪表。第三时期的仪表采用线性集成电路作为线路的核心器件，体积小，可靠性高，它充分考虑了安全防爆问题，组成各种复杂的控制系统更方便、灵活。

数字调节器：20 世纪 70 年代初，以微处理器为核心的新型仪表数字调节器诞生。由于这种仪表的输入输出多为模拟量，也可以数字输出，因此，我们也把这种仪表称为数模混合仪表，但是，从仪表系统的总体上看，由它们组成的控制系统还是模拟系统。虽然数字调节器有许多优点，但它毕竟是分立式仪表，要构成复杂的控制系统时，需要多台数字调节器，这给安装带来很多麻烦，也降低了系统的可靠性。因此，单回路调节器并没有在火电厂系统中大范围使用。

直接数字控制：在 20 世纪 60 年代中期，国外一些发达国家开始应用小型工业控制计算机代替模拟控制仪表，实现直接数字控制与监视。在 20 世纪 70 年代初，我国也在火电机组控制中进行了试验性的计算机控制工程应用。但是，限于当时的计算机发展水平，只能采用集中式的控制方式，计算机直接数字控制也仅限于试验阶段。计算机在火电厂中的应用也仅限于开环使用，即数据采集。

分散控制与现场总线控制系统：虽然最初的计算机控制没有在大型生产过程控制系统中得到闭环应用，但是科技工作者们并没有放弃努力，当在20世纪70年代微处理器刚出现时，就充分利用微处理器技术的特点，研制出了以微处理器为核心的新型仪表控制系统，即分散控制系统DCS（Distributed Control System）。DCS采用了先进的控制功能分散、显示操作和管理集中的设计原则，构成一种适合工业过程自动化要求，具有高度可靠性、灵活性及先进控制功能的新一代仪表控制系统。20世纪80年代末和90年代初，我国开始在单元机组上使用DCS控制。如今，我国的DCS应用技术非常成熟，在火电厂中已经广泛使用，并从90年代起，科技工作者们开始研制具有自主知识产权的DCS。目前，我国研制的DCS技术已经达到国际先进水平。随着控制技术、计算机技术和通信技术的飞速发展，数字化作为一种趋势正在从工业生产过程的决策层、管理层和控制层一直渗透到现场设备。现场总线控制系统FCS（Fieldbus Control System）顺应以上潮流而诞生，它用现场总线这一开放的、具有可互操作的网络将现场各控制器及仪表设备互连，构成现场总线控制系统，同时控制功能彻底下放到现场，降低了安装成本和维护费用，它将成为新一代主流产品。

我所带领的教学科研团队从事控制理论与控制工程的教学与科学研究工作已近30年。在这30年里，我们目睹了计算机技术和控制技术的飞跃发展，我们也跟随着这个发展做了大量的研究工作。在20世纪80年代中期，我们研制的自动控制系统仿真程序包ASSPP-B1，经过多次修改、扩充，完善成 SSSA、MI-RTS、CTES-1，直到现在的计算机辅助工程系统CAE2000。这些软件已有上千个用户，曾五次获省部级科技进步奖。

21世纪伊始，受原山东省电力局委托，与山东鲁能控制工程有限公司合作研发了"LN2000分散控制系统"，该系统的开发基于CAE2000的开发技术，结合了鲁能控制工程有限公司的工程实施经验，使其整体技术达到了国际先进水平。LN2000已经在电力、水泥、医药、冶金、化工等行业得到广泛的应用，并获得了山东省科技进步一等奖。目前，LN2000已经应用在600MW机组的主控制系统上，这标志着LN2000已经进入了火电站控制系统的主流阵地，已经成为国产的、具有国际先进水平的重大技术装备。在我们研发的LN2000的基础上，我们又研发了"基于虚拟DCS的仿真机支撑系统"，并设计了各种容量机组的仿真机。不但扩充了LN2000的应用范围，还大大提升了仿真机的功能。

本书就是在 LN2000 开发技术的基础上编写的，这里面融入了后续我们开发 DCS 的经验及工程实施经验。在 DCS 和 FCS 软件设计方面，我们已经形成一套完整的开发技术，该技术已经处于国际领先水平，为 DCS 的国产化、普及化做出了重要的贡献。我们撰写此书的目的是衷心希望对开发 DCS 和使用 DCS 的读者有所帮助，并希望读者对本书及我们的开发技术提出宝贵意见。

2010 年 8 月 1 日于保定华北电力大学

前 言

　　火电厂分散控制系统（DCS）的产生和发展是一个令人兴奋和快乐的过程：当操作人员从用力地按动沉重的按键到轻松优雅地点击鼠标，当调试人员从观察枯燥的指针和数字到监视优美的数据曲线，当管理人员从在轰鸣的现场了解生产数据到在安静的办公室浏览监控页面，每一个进步都会给人带来快乐。因此，认识这个过程也应该是非常愉快的。本书侧重于原理性分析，结合实际的软件开发和系统应用，力图从不同角度剖析分散控制系统的特征，从而真正认识分散控制系统的基本原理。

　　本书编著者为 LN2000 分散控制系统开发组成员。LN2000 分散控制系统由山东鲁能控制工程有限公司与华北电力大学合作开发，获山东省科技进步一等奖，目前已广泛应用于国内电力行业，是校企合作的成功典范，真正将学校的科研开发能力与企业的市场应用能力结合起来，实现了优势互补。本书编著者经历了分散控制系统的开发、应用与教学工作，亲手编写了分散控制系统的源代码，设计过分散控制系统应用方案，对本科生、研究生、电厂运行及热工人员进行过多次培训与教学，对分散控制系统有了一些自己的认识，在此将这些认识、看法和经验总结出来，希望与大家交流。

　　本书的编写思路为先总体后细节，充分考虑分散控制系统系统性，面向技术环节论述。全书共分八章，三个部分：

　　第一部分包括第一、第二章，首先对火电厂过程控制及分散控制系统进行总体的介绍，以建立起分散控制系统的总体概念，并对分散控制系统的软硬件组成有全面的认识。

　　第二部分包括第三～第七章，在总体认识的基础之上，对分散控制系统的细节分别进行论述，按照分散控制系统的信号处理流程，划分为数据的采集与预处理、数据的运算、数据的显示和操作、数据的传递、数据的保障等几个部分。各章针对信号处理的不同环节进行论述，而不是针对分立的软件或硬件，将监控层、控制层、过程通道层的硬件和软件糅合在一起，分析各部分之间的关联和作用。

第三部分为第八章，介绍了分散控制系统的应用，概述了分散控制系统的应用环节，以两个分散控制系统应用实例进行了说明。

全书由翟永杰、王学厚、张悦、石金宝、韩璞编写，神华国华（北京）电力研究院有限公司的梁华参与了部分章节的编写，中国电力企业联合会尹淞为本书提出了很多建设性的意见。

在本书编写过程中，华北电力大学杰德控制系统工程研究中心的霍雨佳、李荣、杨勇、马萌萌参与了文字和图表的整理工作，在此表示诚挚的谢意。

在编写过程中，参考了相关专业书籍和学术文献，在此向有关作者和单位表示衷心感谢。

感谢所有参与开发 LN2000 项目的人员，那些并肩奋斗的日子为生活留下了美好的回忆。

感谢中国电力出版社对本书的写作和出版工作给予的帮助和支持。

由于编著者水平所限，书中不足之处在所难免，恳请广大同行、读者不吝指正。

LN2000 演示版软件及说明文档可以免费下载：http：//www.lnkz.com/。

作 者

2010 年 4 月 9 日于华北电力大学

目 录

火电厂过程控制概述

DCS 是英文 Distributed Control System 的缩写，直译为"分布式控制系统"。一般翻译为"分散控制系统"或"集散控制系统"，我国电力行业标准定义为分散控制系统，定义为：采用计算机、通信和屏幕显示技术，实现对生产过程的数据采集、控制和保护等功能，利用通信技术实现数据共享的多计算机监控系统，其主要特点是功能分散，数据共享，可靠性高。根据具体情况也可以是硬件布置上的分散。

从字面意义上看，分散控制系统是一种由计算机组成的系统，其主要用途是对生产过程进行控制，而系统的结构则是分布式的，即一种分布结构的计算机控制系统，为简便起见，书中分散控制系统简写为 DCS。我们首先对火电厂生产过程及控制系统进行简要的介绍。

第一节　工业生产过程分类

一、过程变量的分类

表示工业生产过程状态的量称为过程变量（Process Variable，PV），如温度、压力、流量、液位、开关的分/合、电动机的运行/停止状态等。一般来说，过程变量按其随时间变化的规律可分为模拟量和开关量两大类，如图 1-1 所示。

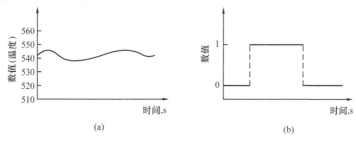

图 1-1　过程变量分类
（a）模拟量；（b）开关量

1. 模拟量

模拟量（连续量）是表达物理过程或设备量值的一种连续变化的量，其数值随时间变化而变化。模拟量最大的特点是连续性，即在其随时间变化的曲线上的任意一点均可求导。这类过程变量的变化是一个渐变的过程，无论其变化有多快，都会有一个过渡过程，其取值可有无穷多个。火电厂生产过程中的温度、压力、流量、液位、电流、电压及功率等都归类于模拟量。

2. 开关量

开关量（离散量）是一种表示物理过程或设备所处状态的量，也可直接称为状态量。典型的开关量只有两个取值，如开关的"闭合"与"断开"、设备的"投入"与"退出"、参数的"正常"与"异常"、信号的"有"与"无"、截断阀门的"通"与"断"等。这类过程量也可有多个取值，如具有多个绕组抽头的电力变压器当前的分接头位置，一台多工位的机器当前所处的工位等。尽管可以有多个取值，但开关量取值的数量是有限的，这一点与模拟量有着本质的不同。

还有一些特殊的过程量，如脉冲量、SOE（事件顺序记录，Sequence Of Event）量等，在工程实际中经常用到，属于以上两种过程量。

二、工业生产过程的分类

按照工业生产中主要过程变量随时间变化的特点，工业生产的典型过程可以分为两种：连续过程（Continuous Process）和离散过程（Discrete Process），见图 1-2。

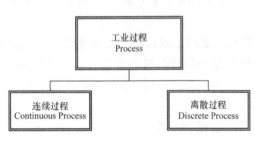

图 1-2　工业生产过程分类

连续过程的产品一般都是"流态"的，按连续量纲计量。如按吨计量的石油化工产品，按千瓦时计量的电力产品。输入输出变量为时间连续和幅度连续的量，如温度、压力、流量、质量及液位等。

离散过程的产品一般是"固态"的，按离散量纲计量，如按台计量的电器产品、按个计量的玩具产品。输入输出变量为时间离散和幅度离散的量，如产品的数量、开关的状态等。

一个完整的生产过程，一般都是连续过程和离散过程的混合体。例如，在火电厂生产过程中，锅炉炉内煤粉燃烧过程是连续过程，但炉膛的吹扫过程是离散过程。以连续过程为主的生产行业被习惯性地称为流程工业；以离散过程为主的生产行业被习惯性地称为制造业。火电厂生产过程归类于流程工业。在国际上，过程控制（Process Control）和过程自动化（Process Automation）一般都是指连续过程。

第二节　控制系统概述

一、控制系统组成

控制是在日常生活中经常接触到的事情，可以说在生活中处处都离不开控制。例如，一个容器装水的过程就是一个简单的控制事件：如图 1-3 所示，首先用眼睛观察实际水的位置，然后头脑中考虑水位是否达到期望的位置，指挥手来操作水龙头；若水位低则打开水龙头，当水位满足要求时，则关闭水龙头，从而把水位控制在期望的位置上。这个控制是由人的眼、脑、手来实现的。眼睛起到测量水位的作用，大脑起到判断决策的作用，手起到操作阀门的作用，而所要控制的对象则是容器中的水位。

在图 1-4 所示常见的液位控制系统中，通过液位传感器（浮子）测量储液罐的液位，并将液位值送到控制器，控制器将测量的液位与设定的液位进行比较。如果液位高于设定的最高值，则关闭进料阀，停止进料；如果液体的流出使液位低于设定的最低值，则开启进料阀补充液体，直到液位回升到上限值。这个系统以传感器取代眼睛，控制器取代大脑，执行器取代手，人则处于设计和监督的位置。

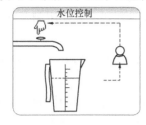
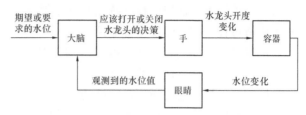

图 1-3　容器装水的控制

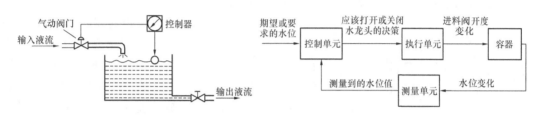

图 1-4　储液罐液位控制

上述液位控制的实例是一个典型的回路控制系统，由控制单元（大脑或控制器）、执行单元（手或执行器）、测量单元（眼睛或传感器）组成，一般也称为直接控制系统。

直接控制系统定义为以下三个要素的集合（如图 1-5 所示）：

（1）测量方法和测量装置。

（2）控制方法（包括算法）和运算处理装置。

（3）执行方法和执行装置。

图 1-5　直接控制系统组成

在这三个要素中，方法是软件，这里的软件是指解决方案，而不是指具体的程序代码，各种装置则是硬件，是实现方法的手段。

二、直接控制系统组成部分

1. 测量方法和测量装置

测量是控制系统感知被控对象状态的重要环节，一般通过敏感元件或检测元件来实现，如压力传感器、流量传感器、温度传感器（热电偶或热电阻）、电流传感器、电压传感器、功率传感器、位置传感器等。传感器一般基于物理或化学原理来感知各种状态，输出电流、电压及气压等信号。控制单元要求这些信号具有标准的、规范的表现形式。因此如果传感器输出的信号不符合规范和标准，则不能被控制器直接处理，往往会在传感器后增加变送器予以变换，形成符合一定标准的统一信号，如图 1-6 所示。

在控制系统中，各种模拟连续量需要转换为标准的气压、电流或电压

图 1-6　过程变量测量环节

信号，有一个对应的数值区间；开关离散量也需要转换成标准信号，一般用电平的高或低表示不同的状态，在数字控制系统中，则采用二进制位的 0 或 1 表示开关量的状态。

2. 控制方法和运算处理装置

控制系统是根据不同被控过程的特点实施控制的。对于连续过程，一般使用调节性质的控制；对于离散过程，则一般使用程序控制。

（1）对连续过程的控制。对于连续过程的控制一般称之为过程控制（Process Control）或流程控制，它是一种调节性质的控制。

调节是控制的一种，它特指通过反馈的方法对连续变化的对象进行连续的控制，如通过调节进水阀门的开度以控制流量的大小，从而使容器水位保持在期望水位范围内。在这里水位是一个连续变化的量，对水位的调节也是连续进行的。

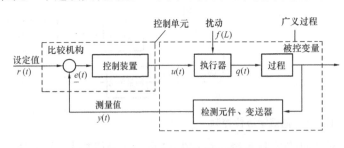

图 1-7　回路控制的功能框图

一般把对最小过程单元进行的闭环控制或调节称为回路控制，如图 1-7 所示。被控过程的输出是控制系统的控制目标，即被控变量，检测元件得到过程的输出值，并作为控制器的测量值送给控制器，形成了一个闭合回路。在这个闭环系统中，控制单元将根据控制算法处理测量值和设定值的偏差，并控制过程减小此偏差。

连续过程的调节并没有明显的起点和终点，两个最基本的要素如下：

1）受控对象对目标值的允许偏差。

2）进行测量和控制的周期。

连续过程调节使用的控制算法包括经典的 PID 调节、现代的模糊控制等，根据调节控制算法进行计算，是控制系统最核心的功能，计算功能由控制单元完成。

控制单元一般有以下两个输入：

1）测量值（Process Variable，PV）。传感器/变送器给出的表达被控对象运行状态的量。

2）设定值（Set Point，SP）。根据生产过程的要求所设定的控制目标。

控制单元的任务有以下两个：

1）在设定值根据生产过程的要求发生改变时，采用一定的控制算法计算出需要进行何种操作或调节，并对被控对象的可操作、可调节部分实施输出，以使被控对象尽快达到控制目标。

2）在出现干扰时，被控对象的运行状态偏离了预定的目标（即设定值）。这时控制单元要通过测量得到偏离的程度，并采用一定的控制算法计算出操作步骤或调节量，并实施输出，以使被控对象的运行状态尽快回到预定的目标值。

控制单元的输出量是对被控对象所实施的操作和调节：

1）操作一般指通过某种方法改变被控对象的运行方式，如开通或关断某个管道的阀门，闭合或分离电路的开关等。

2）调节则是通过某种方法改变被控对象的运行参数，如通过控制调节阀改变管路中流体的流量，通过调节加热器改变温度等。

所有这些输出不论操作还是调节均被称为控制指令。

（2）对离散过程的控制。对于离散过程的控制以状态控制为主，根据各个被控对象的动作时间、动作顺序和逻辑关系进行的控制，实际上就是按照一定的方式改变被控对象的状态或位置，一般称为程序控制、顺序控制或逻辑控制。生活中最简单的例子如出门的过程，第一步关灯，第二步锁门，第三步离开，后一步在前一步程序完成状态改变之后进行。离散控制过程由一组非连续对象按照工序的要求组合在一起，以完成一个比较复杂的动作或任务，这样的过程有很明显的起点和终点，控制过程和动作过程是完全对应的。

动作时间、动作顺序和逻辑关系是对离散过程实行控制的要素。

（3）连续控制和离散控制的比较。对这两种控制的比较见表1-1。

表 1-1　　　　　　　　　　　　　　连续控制和离散控制的比较

相关要素 控制方式	连 续 控 制	离 散 控 制
运行方式	周期性的重复控制循环	从开始到结束的一系列控制步骤
控制目标	预期的允许偏差范围	预期的状态或位置
控制算法	PID等数学方程	逻辑公式
时间特性	与过程适应的控制周期	各个步骤的执行和间隔时间
控制质量	目标参数的控制精度	逻辑关系的正确性
稳定性要求	干扰工况下尽量小的偏离	干扰工况下无错误动作

3. 执行方法和执行装置

由控制单元输出的控制指令，通过各种不同的执行机构来作用于被控对象的可操作部分或可调节部分，这些执行机构也称为执行装置或执行单元，如气动阀、电磁阀、控制电动机及继电器等。执行装置将运算处理装置输出的控制指令转换为被控对象可接受的动作，以改变被控对象的运行状态。

控制单元的输出也可分为模拟量和开关量两大类。模拟量输出用于对被控对象进行连续调节，如调整阀门的开度（百分比）以控制燃料流量，调整燃烧过程以控制温度等；开关量控制则用于改变被控对象的状态或工况，如通过电源开关的分/合以改变电灯的发光状态等。

三、完整的控制系统组成

测量单元、控制单元和执行单元构成直接控制系统，被控对象是实施生产过程的主体，直接控制系统作用于被控对象，其控制作用围绕生产过程发生。控制装置是控制系统的核心，所有控制作用都是由控制装置实现的，一个控制系统能否顺利地实现其控制目标，完成复杂的控制功能，主要看控制装置是否稳定可靠并具有优异的性能，如图1-8所示

另一方面，对生产过程的控制起主导作用的主体是人：生产过程是为满足人的需求而建立的，生产的程序、步骤及工艺等是人设计的，在整个生产过程中，要进行哪些控制、如何进行控制及控制的方法是什么，设定值从何而来，一般都是由人决定的；在某些情况下，人也直接参与控制；控制系统也不了解生产过程的特性，只有人根据生产设备的特性及其对生产过程的影响，推导出如何对这些生产设备进行控制的数学模型，然后控制系统才能够按照这些数学模型进行计算，得到相应的控制值。另外，生产过程不可避免地会出现一些异常情

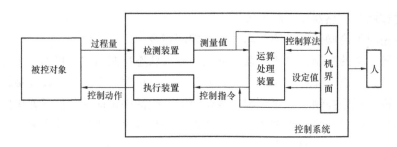

图 1-8　完整的控制系统

况，这些异常情况是无法预知的，必须在运行过程中实时地做出决策，这些都离不开人的作用。

因此，作为一个整体，人是控制系统的一个最重要的组成部分，为了便于人了解被控对象的运行状态并进行人工的操作与调节，控制系统还必须提供人机界面。人机界面包括了测量值的显示、计算参数的显示、人工操作设备（如按钮、调节手柄）等，还有对运算处理装置进行设定和控制算法预置的设备等。

第三节　火电厂过程控制

一、火电厂生产过程自动调节

对于火电厂生产过程，具有代表性的自动调节系统如锅炉给水调节系统。锅炉给水人工调节示意图如图 1-9 所示。给水经过给水调节阀 5，在省煤器 3 加热后进入汽包。为了使水位保持在要求的数值上或在一定范围内变化，必须在汽包上设置一个水位计 6，操作人员根据水位计的指示，不断地改变调节阀 5 的开度，控制进入汽包的水量，从而使水位维持在某个要求的范围内。例如，当操作人员从水位计上观察到的数值低于要求的水位值时，则开大阀门，增大给水流量，使水位上升到要求的数值；当从水位计上观察到的数值高于要求的水位值时，就关小阀门，减小给水流量，使水位下降到要求的数值。

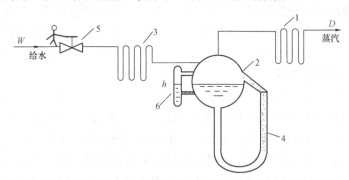

图 1-9　锅炉给水人工调节示意图

1—过热器；2—汽包；3—省煤器；4—水冷壁；5—给水调节阀；6—水位计

归纳起来，操作人员所进行的工作包括以下几项：

（1）观察水位计的指示值。

（2）将汽包水位的指示值与汽包水位要求的数值比较，并算出两者的差值。

（3）当偏差值偏高时，则关小给水调节阀门，而当偏差值偏低时，则开大给水调节阀门，阀门开大或关小的程度与偏差的大小有关。

将上述三步工作不断重复下去，直到水位计指示值回到要求的数值上，这种由人来直接进行的操作就称为人工调节。

由上述可知，要进行人工调节，必须有一个测量元件（如例中的水位计）和一个被人工操纵的器件（如例中的给水调节阀）。人们把指示水位与要求水位进行比较，就会得到水位偏差的大小，根据这个偏差大小进行判断，并决定如何去控制阀门，使偏差得到纠正。所以人在调节过程中起到了观测、比较、判断和控制的作用。人工调节就是"检测偏差，纠正偏差"的过程。

如果用一整套自动控制仪表（自动调节器）来代替操作人员的作用，使生产过程不需操作人员的直接参与而能自动地执行调节任务，则称为自动调节。

锅炉给水自动调节示意图如图 1-10 所示。

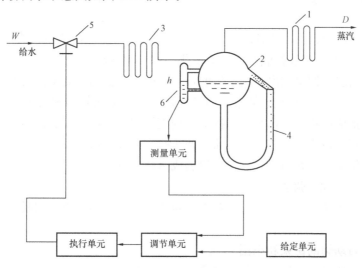

图 1-10　锅炉给水自动调节示意图

1—过热器；2—汽包；3—省煤器；4—水冷壁；5—给水调节阀；6—水位计

图中测量单元、给定单元、调节单元和执行单元代替操作人员完成调节给水的任务。测量单元（相当于人的眼睛）用来测量水位的大小，并把水位信号转变成与之成一定关系（一般为比例关系）便于远距离传送的电流或电压信号。调节单元（相当于人的大脑）接受测量单元来的测量信号，并把它与水位希望保持的值（由给定单元给出）进行比较，当有偏差时，调节单元发出一定规律的指挥指令给执行单元。执行单元（相当于人的手）按照调节单元这一命令去操作调节机构（给水调节阀），再由测量单元测出水位的变化，并将这一信号给调节单元，与水位希望保持的数值再比较，根据偏差，调节器再发出调节指令，执行单元再次改变给水调节阀，直到调节系统达到一个新的平衡状态为止，即调节过程结束。这样就实现了用自动控制仪表代替人工调节的自动调节。

图 1-9 和图 1-10 表示了从人工调节到自动调节的演变过程。从这个演变过程可以看出：人工调节中，人用眼睛、大脑、手完成观测、比较、判断和控制的任务；自动调节则用测量单元、调节单元、执行单元完成，也就是说用这套控制仪表完全能代替人。在人工调节中，

人是凭经验支配双手操作的，其效果在很大程度上取决于经验，而在自动调节中，调节单元是根据偏差信号，按一定规律去控制调节阀的，其效果在很大程度上取决于调节单元的调节规律选用得是否恰当。

通过上述实例可以概括出自动调节中的一些常用术语。

(1) 被调量（Process Variable，PV），也称为被控制量、过程变量。表征生产过程是否正常运行，并需要加以调节的物理量，如图 1-9 中的水位 h。

(2) 给定值（Set Point，SP）。被调量按生产要求必须维持的希望值。在许多情况下给定值是不变的（如正常运行时锅炉的汽包水位、汽轮机转速等），但在有些情况下给定值是变化的，如汽轮机启动过程中转速的给定值就应不断改变。

(3) 控制对象（Controlled Object），也称为被控对象。被调节的生产过程或设备称为控制对象，如图 1-9 中的汽包。

(4) 调节机构（Regulating Element）。可用来改变进入控制对象的物质或能量的装置称为调节机构。

(5) 控制量（Controlled Variable，CV），也称为调节量。由调节机构（阀门、挡板等）改变的流量（或能量），用以控制被调量的变化，称为控制量。如图 1-9 中的给水量 W。

(6) 扰动。引起被调量偏离其给定值的各种原因称为扰动。如果扰动不发生在控制回路内部（如外界负荷），称为外扰；如果扰动发生在控制回路内部，称为内扰。其中，由于调节机构开度变化造成的扰动，称为基本扰动。变更控制器的给定值的扰动称为给定值扰动。

(7) 控制过程，也称为调节过程。原来处于平衡状态的控制对象，一旦受到扰动作用，被调量就会偏离给定值。要通过自动控制仪表或运行人员的调节作用使被调量重新恢复到新的平衡状态的过程，称为调节过程。

(8) 自动控制系统。自动控制仪表和控制对象通过信号的传递互相联系起来就构成一个自动控制系统。

二、火电厂自动化的由来和范围

生产过程自动化是指采用检测与控制系统，对生产过程进行生产作业，代替人工直接操作的措施。对于火电厂，是指热力生产过程与电力发供电过程控制的总称，在一些国家中称"仪表与控制"（Instrument & Control，I&C）。

20 世纪 50 年代，我国电厂设计时依据苏联的经验，在机务设计室内设"仪表组"，因当时机组容量很小，最大机组容量为 12MW，热力系统普遍为母管制，在机组附近装几只仪表如压力表、温度表等就可运行。后来随着机组容量的增大，要求检测和自动控制的参数或远方控制的设备增多，因此，仪表组更名为"热工仪表与控制组"，一般称为热工自动化或热工控制专业，简称热控，主要负责火电厂热工生产过程如锅炉、汽轮机及其辅助系统的检测与控制。

20 世纪 60 年代，随着机组容量的增大和中间再热机组的出现，电厂热力系统普遍改为单元制系统，即一炉对一机的系统，热力生产过程中驱动风机、水泵等辅机的电动机已是热工生产过程控制中不可或缺的部分。热力生产过程中厂用电动机二次线设计并入了热控组。热工自动化系统设计成为包括电动机在内的具有整体性的设计。

20 世纪 70 年代，进口机组的自动化系统已将发电机变压器组纳入单元机组整体自动化系统设计中；20 世纪 90 年代，我国在应用分散控制系统成功后，开始试点将电气部分的检测控制纳入 DCS 中，通过试点已成为电气专业所能接受的技术。因此，原来仅限于热力生产过程的热工自动化逐步转变到包括发电机—变压器组在内的发供电过程的检测与控制，故而改称"电厂自动化"。它包括火电厂、水电厂、核电厂的自动化。

火电厂其范围除单元机组外，还包括输煤、除灰、除渣、补给水处理、循环水供水系统等辅助车间和公用系统的自动化，大致可以分为四个基本内容。

1. 自动检测

自动检测是对生产过程及设备的参数、信号自动进行转换、加工处理和显示，并记录下来。它相当于人和自动化的"眼睛"。火电厂需要连续进行检测的信号有温度、压力、流量、液位、电流、电压、转数、频率、振动、气体成分、汽水品质等。检测所采用的装置有测量仪表、记录仪表、巡回检测装置、工业电视等。

2. 自动调节

自动调节一般是指正常运行时操作的自动化，即在一定范围内自动地适应外界负荷变化或其他条件变化，使生产过程正常进行。火电厂的自动调节主要有锅炉水位调节、汽温调节、燃烧调节、辅助设备调节等。

将程序控制技术、逻辑功能和保护同自动调节结合起来，可以实现全程控制，即在机组启动、停止及正常运行的全过程中，实现自动控制，如水位全程控制。

3. 远方控制及程序控制

远方控制是通过开关或按钮，对生产过程中重要的调节机构和截止机构实现远距离控制。程序控制主要是指机组（或局部系统、设备）在启动、停止、增减负荷、事故处理时的一系列操作的自动化。

火电厂局部程序控制对象主要有锅炉点火、吹灰、定期排污、汽轮机自升速、制粉系统、化学水处理、输煤等。

4. 自动保护

自动保护是指利用自动化装置，对机组（或系统、设备）状态、参数和自动控制系统进行监视，当发生异常时，送出报警信号或切除某些系统和设备，避免发生事故，保证人身和设备的安全。电厂的自动保护对象主要有锅炉、汽轮发电机本体、辅助设备、局部工艺过程等。

自动化系统四个方面的基本内容，是相对独立而又相互配合的。自动调节是主要的，也是基本的内容，而要保证自动调节的正常投入，必须有准确可靠的检测信号，必须有自动保护作保证。否则，自动调节系统投入运行是不安全的。当自动调节的范围进一步提高时，程序控制就成为必要的手段。

第四节 控制系统的发展历史

一、各类控制系统的发展过程

如图 1-11 所示，整个控制系统的发展是沿着三条主线展开的。

第一条主线是对离散系统的控制，即程序控制、顺序控制或逻辑控制。早期的控制系统由机械电磁原理的继电器组成；后发展为电子控制器，主要是用电子逻辑电路（开关电路）取代体积庞大、笨重且能量消耗大的继电器逻辑电路；到现代，则广泛采用了以数字技术和

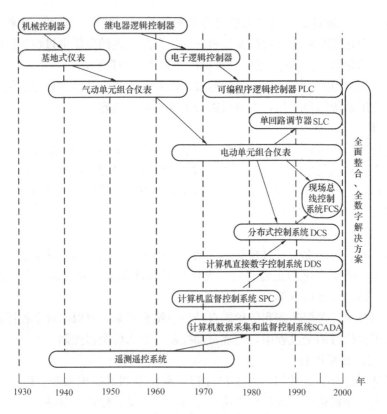

图 1-11　各类控制系统的发展过程

微处理器芯片为核心的可编程序逻辑控制器 PLC（Programming Logic Controller），构成了功能强大、配置灵活、能够根据应用需求进行逻辑编程的新一代控制系统。在习惯上，PLC系统被认为是针对离散过程的直接控制系统。

第二条主线是计算机数据采集和监督控制系统 SCADA，早期是遥测遥控系统。这类系统的主要目标是对地域分散的目标进行监视和远程控制，如供电、供水、供气及供热等网络系统的监视和调度，采油井场的监视和控制，长途输油/输气管线的监视控制等。这类系统有两个主要特点：一方面是地域宽阔，系统中的测控点往往分布在几十千米甚至几千千米的范围，对这类系统控制的关键是数据集中；将大量分散的数据集中到中央调度室，由调度人员根据全面的情况进行分析和判断，以采取相应的调度与控制。另一方面是系统所有功能的实现均依赖远程通信，系统对被控对象实施控制的时间及时性受到了远程通信的限制。一个完整的控制所需的时间，是现场数据通过远程通信送到调度中心，经过处理、计算或人的判断，发出控制指令，再通过远程通信送到现场，最后得到执行这几个阶段所需时间的总和。

第三条主线是对连续过程的控制系统。对于连续过程的控制所使用的产品种类最多，所采用的技术变化最大。这主要是由于连续过程的种类繁多、技术复杂，对这类过程的控制有相当大的难度，特别是控制的时间特性，一般对过程控制系统的控制周期都要求在 1s 或 2s之内，在很多情况下要求零点几秒，甚至几十毫秒，对控制量的大小、作用时间等也有极其严格的要求。针对连续过程的控制经历了机械控制器、基地式仪表、气动单元组合仪表、电动单元组合仪表，一直到 DCS 这样一个发展历程，上述这些都被归于针对连续过程的直接控制系统。

在很长一段时间里，连续过程的控制系统都是由各种各样的仪表构成的，因此习惯地称为仪表控制系统，DCS 是结合了仪表控制系统和计算机控制系统这两方面的技术形成的。

二、连续过程控制系统的发展

1. 早期的仪表控制系统——基地式仪表

早期的仪表控制系统是由基地式仪表构成的。所谓基地式仪表，是指控制系统（即仪表）与被控对象在机械结构上是结合在一起的，而且仪表各个部分，包括检测、计算、执行及简单的人机界面等都做成一个整体，就地安装在被控对象之上。

图 1-12 所示为著名的瓦特式飞锤调速器的工作原理。该调速器由发动机输出轴经齿轮传动，带动一个装有飞锤的轴同步转动，这个装置相当于控制系统的测量单元。当转速升高时，飞锤在离心力的作用下升起，同时压下油缸的连杆，以开启下方的高压油通路，使油缸活塞上升，带动调节阀关小，减小燃油供应而使发动机转速下降；当转速降低时，飞锤下落，使油缸连杆在弹簧的作用下上升，关闭油缸活塞下方的高压油通路并开启油缸活塞上方的高压油通路，使油缸活塞向下运动，带动调节阀开大，增加燃油供

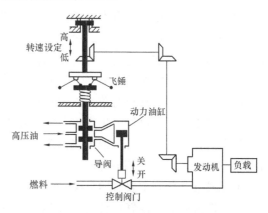

图 1-12　瓦特式飞锤调速器

应以使发动机转速上升。这样，在出现干扰（如发动机所带动的负载发生变化）时，可保持其转速不变。在这个调速器中，飞锤起到了控制器的作用，它巧妙地利用了飞锤的重力和离心力之间的关系实现了设定值和测量值之间的比较，并将偏差作用于油缸，而油缸则是这个控制系统的执行器，它将升速、降速的指令变成了燃油阀门的动作，完成了对发动机转速的控制。控制系统的设定值由带动飞锤的轴的上下位置来决定，这个轴上移，飞锤必须张开更大的角度才能使油缸活塞的上下油路均关闭，因此将导致发动机的转速上升；而这个轴下移，飞锤必须下落才能使油缸活塞的上下油路均关闭，因此将导致发动机的转速下降，以此来设定发动机的转速。

基地式仪表一般只针对单一运行参数实施控制。例如瓦特式飞锤调速器只控制发动机的转速，保证发动机运转在额定转速范围内即可；输入、输出都围绕着一个单一的控制目标，计算也主要为控制某个重要参数；控制功能也是单一的，也只是保证被控对象能够正常运行。这种控制被称为单一回路控制，简称单回路控制。

20 世纪 50 年代初期，我国火电厂中的锅炉、汽轮机容量都很小，系统简单，只有少量的简单自动调节，如锅炉汽包的水位调节，一般采用柯普式（Copes）调节器，即采用 1 根具有随温度伸缩的金属管作为调节器，控制给水调节阀的开度。其他燃料、风量、炉膛负压和汽温控制均为手动操作，因机组参数低，变化速度慢，运行操作并不困难。当时电厂的机组容量小，锅炉多为链条式汽包炉，其热力系统为母管制，锅炉与汽轮机的监视控制是在附近设置的仪表盘或控制盘上进行的，称为就地控制，一般多为 2 台锅炉的控制盘并在一起。汽轮机则在每台机的机头附近设仪表盘，以满足锅炉、汽轮机启停正常运行的要求。

基地式仪表所控制的只是分散的、单个的参数，各个控制点间也没有任何联系和相互作

用，因此严格来讲只可称为控制装置。

基地式仪表简单实用，直接与被控对象相互作用，因此在一些简单生产设备中得到了广泛应用。其最大的问题是它必须分散安装在生产设备需要实施控制的地方，如果设备比较大，就会给观察、操作这些仪表造成很大的困难，有时甚至是不可能的。另外，基地式仪表的控制功能有限，难以实现较复杂的控制算法，因此在一些大型的复杂的控制系统中已很少采用基地式仪表，而采用单元式组合仪表。

2. 近代仪表控制系统——单元式组合仪表

（1）单元式组合仪表分类。单元式组合仪表出现在 20 世纪 60 年代后期，这类仪表将测量、控制计算、执行、显示、设定、记录等功能分别由不同的单元实现，互相之间采用某种标准的物理信号实现连接，并可根据控制功能的需求进行灵活的组合。这样，仪表的功能大大加强了，同时能够适应各种不同的应用需求，而且其功能的实现不再受安装位置的限制，可以把检测单元和执行单元安装在现场，而将控制、显示、记录、设定等单元集中起来放在中心控制室内。这样，生产设备的操作人员不用去现场就可以迅速掌握整个生产设备的运行状态，并根据生产计划或现场出现的实际情况采取调整措施，如改变设定值，甚至直接对现场设备实施操作和调节等。

单元式组合仪表主要有两大类。一类是气动单元组合仪表，这类仪表以经过干燥净化的压缩空气作为动力并以气压传递现场信号，其规范为 20～100kPa。气动单元组合仪表是本质防爆的，可以用于易燃易爆的场合，而且由压缩气体提供的动力可以直接驱动如气动阀门等现场设备，非常方便和可靠，并具有很强的抗干扰性。但由于气动单元仪表需要洁净干燥的气源，气体的传输路径要敷设气路管道，为了防腐蚀和防泄漏，需要采用成本很高的铜制管线或不锈钢管线，而且需要加工精度非常高的连接件，这样，气动单元仪表控制系统的建设成本、运行线扩成本就相当高了。

另一类单元式组合仪表是电动单元组合仪表，如图 1-13 所示。这类仪表由直流电源提供运行动力，并以直流电信号（电流或电压）传递现场信号的值。其信号规范有两种，一种信号规范是 0～10mA，我国遵循这个标准的电动单元组合仪表为 DDZ-Ⅱ 系列；另一种信号规范是 4～20mA，我国遵循这个标准的电动单元组合仪表为 DDZ-Ⅲ 系列。电动单元组合仪

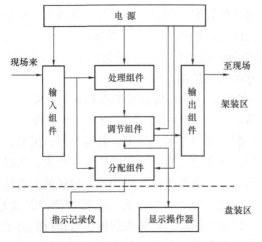
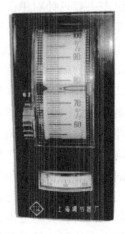

图 1-13　电动单元组合仪表原理图

表主要有 8 种单元，即变送（B）、调节（T）、显示（X）、计算（J）、给定值（G）、辅助（F）、转换（Z）和执行（K）。电动单元组合仪表比气动单元组合仪表更加轻便灵活，功能也更加齐全，因此一经推出就迅速得到了广泛的应用。电动单元组合仪表的控制执行机构为电磁阀、各种控制电动机和继电器等用电磁原理设计的设备或装置。

在我国火电行业，20 世纪 50 年代初，主要应用的调节设备是从苏联进口的机械式调节器 ЦКТН，后改为电子式调节器 BTH。在苏联电子式调节器的基础上，仪表部门研制了采用统一信号制的 DDZ-Ⅰ、DDZ-Ⅱ 和 DDZ-Ⅲ 型电动单元组合仪表，信号为 0～10mA 和 4～20mA；还有气动单元组合仪表 QDZ，采用 20～100kPa 气压信号；还有从当时东德进口的液压式（油压）调节器。DDZ 型仪表虽比 BTH 调节器有所进步，但仍只能执行 PID 调节规律，很难适应复杂调节对象的要求。

20 世纪 70 年代末，仪表部门研发了组件组装仪表 TF-900（上海自动化仪表一厂生产）和 MZ-Ⅲ（西安仪表厂生产）。组装仪表的特点是可选择功能组件，组成较复杂的控制系统。但由于国内的电子元器件质量不好，在实际使用中经常容易损坏，造成自动调节系统失灵，使许多自动调节不能投入自动。1982 年 4 月 12 日，上海自动化仪表公司与美国 Foxboro 公司合资成立了上海福克斯波罗有限公司，生产美国 Foxboro 公司的 SPEC-200 组装仪表。由于元器件来自美国，且生产过程中有严格的质量管理，经在陡河电厂 200MW 机组中试用证明，可满足大机组控制要求，但价格要贵得多，且需要部分外汇，由于当时投资和外汇都有限制，因此只限于 300MW 及以上机组上使用。

（2）模拟电动仪表控制系统的主要环节。

1）常规的模拟仪表控制系统中的测量装置。常规的模拟仪表控制系统中一般使用变送器作为测量装置。变送器是将各种被测参数如温度、压力、流量、液位等物理量转换成 0～10mA 或 4～20mA 直流的统一标准信号，传送到指示、记录、调节等仪表或巡回检测装置、控制计算机，以实现对生产过程的自动检测和控制。

将变送器用方框图的形式表示如图 1-14 所示，这是一般性的构成原理方框图，各类变送器的差别在于输入转换部分，以及放大和反馈部分的不同。

现以 DBW 型温度变送器为例具体分析。DBW 型温度变送器是由输入回路、自激调制式直流放大器及反馈回路三个主要部分组成的，其组成方框图如图 1-15 所示。工作原理如下：热电偶或热电阻的直流毫伏电动势或欧姆阻值信号送到输入回路转换成直流毫伏信号 U_i，U_i 与反馈信号 U_f 进行比较，其差值 U_c 经自激调制式直流放大器变换与放大，输出直流 0～10mA 统一信号；同时，输出电流 I_o 经负反馈回路变成反馈电压 U_f，接到放大器的输入端。由于采用深度负反馈，所以 $U_f \approx U_i$，可实现电的平衡。

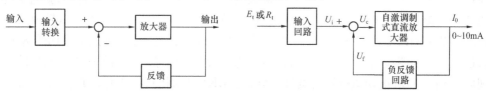

图 1-14　变送器构成一般方框图　　　　图 1-15　DBW 型温度变送器组成方框图

反馈回路和输入回路均由电阻组成，保证了变送器输出电流与输入的直流电动势或电阻呈线性关系和恒流性能，以及通过它调整量程和实现仪表自检。

2）常规的模拟仪表控制系统中的控制装置。模拟式调节器一般组成框图如图 1-16 所示，主要由三个部分构成，即比较环节、放大器和反馈环节。比较环节的作用是把给定信号 $r(t)$ 与测量信号 $y(t)$ 作比较，得出偏差信号 $e(t)$，$e(t)=r(t)-y(t)$。

由图 1-16 可以求出传递函数为

$$W_T(s) = \frac{K}{1+KW_f(s)}$$

放大器一般是一个稳态增益很大（大于 10^6）的比例环节。当放大器的开环放大倍数 K 趋于无穷大时，则 $KW_f(s) \gg 1$，即

$$W_T(s) = \frac{1}{W_f(s)}$$

由以上结果可以知，只要选择具有合适动态特性的反馈环节，就能实现 P、PI 等各种不同的控制规律。

例 比例积分控制规律的实现。

如果采用串联负反馈方式，基本电路原理图如图 1-17 所示，反馈环节为实际微分电路，其传递函数为

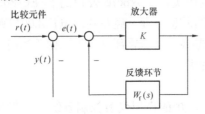

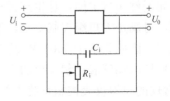

图 1-16　模拟式调节器的一般组成方框图　　　图 1-17　实现比例积分控制规律

$$W_f(s) = \frac{R_i C_i s}{R_i C_i s + 1}$$

调节器实现的是积分控制规律

$$W_T(s) = \frac{R_i C_i s + 1}{R_i C_i s} = 1 + \frac{1}{R_i C_i s} = 1 + \frac{1}{T_i s}$$

式中　$T_i = R_i C_i$ 即为积分时间。

3）常规的模拟仪表控制系统中的执行装置。执行器接受调节器的输出信号或来自手动的操作信号，并将其转换成调节机构（阀门、风门或挡板）动作的位移信号，从而改变被调量的大小。执行器通常由伺服放大器和执行机构两部分构成。

执行机构主要由两相伺服电动机、机械减速器和位置发送器组成。两相伺服电动机是执行机的动力装置，可将电能转化为机械能。机械减速器将高转速小力矩变成低转速大力矩输出，带动调节机构改变被调量的大小。位置发送器用来提供与执行机构输出轴角位移成正比的电流信号，以表明阀门开度，该电流信号作为位置反馈信号送到伺服放大器的反馈通道。

现以 DKJ 角行程电动执行器为例具体分析。DKJ 电动执行器工作原理方框图如图 1-18 所示。伺服放大器将输入信号 I_i 和来自执行机构位置发送器的位置反馈信号 I_f 进行比较，并将两个信号的偏差进行放大以驱使两相伺服电动机转动。伺服放大器依偏差信号极性的不同，输出相应信号控制伺服电动机正转或反转，当伺服放大器的输入信号与反馈信号相平衡时，伺服电动机停止转动，执行器便稳定在一定的位置上。

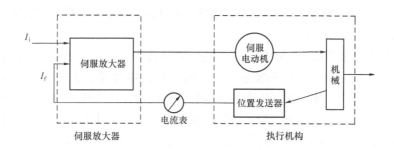

图 1-18 DKJ 电动执行器工作原理方框图

由以上分析可知，常规模拟电动仪表控制系统的基本工作流程如下：

传感器首先将物理、化学值转换为电阻信号、非标准的电压及电流信号等电量值，再经过变送器转换为标准的 0～10mA 或 4～20mA 信号送入调节器；调节器利用电阻、电容、放大器等模拟元件实现控制规律，输出标准的 0～10mA 或 4～20mA 信号给执行机构；最后执行器接受操作信号，并将其转换成调节机构（阀门、风门或挡板）动作的位移信号，从而改变被调量的大小。

（3）仪表控制系统特点。应该说，真正的控制系统是从单元式组合仪表出现后才逐步形成的。基地式仪表只能实现分立的、单个回路的、各种控制回路之间无任何联系的控制，因此谈不上形成系统；而单元式组合仪表通过不同单元的组合，不仅能完成单个回路的控制，还能够实现串级控制、复合控制等复杂的、涉及几个回路互动的控制功能。而且，由于单元式组合仪表有能力将显示、操作、记录及设定等单元集中安装在控制室内，使得操作员可以随时掌握生产过程的全貌并据此实施操作控制，因此，就构成了一个完整的控制系统。

近代仪表控制系统由三大部分组成，即生产现场的检测执行装置、集中控制室中的人机界面和连接这两部分的信号电缆。集中控制室中，显示、操作单元和控制单元（一般称为二次仪表）都被安装在操作盘台上，而检测/变送单元和执行单元（一般称为一次仪表）则安装在生产现场。一次仪表和二次仪表之间通过信号电缆实现信号的传输。如图 1-19 所示。

1958 年，北京新建高井电厂，安装当时单机容量最大的 100MW 汽轮机，每台机配置 2×220t/h锅炉，热力系统按两炉对一机的单元制设计。考虑到炉机电已成为一个整体的特点，自动化系统设计中提出 2 台机组在 1 个控制室进行集中控制的方案，而且在控制盘台配置时，按机电值班员、锅炉值班员考虑，对运行管理体制按单元制机组的特点，改母管制电厂集运行检修于一体的炉机电分场制为运行分场和检修分场制，运行、检修分场分别负责机组的运行与检修。高井电厂

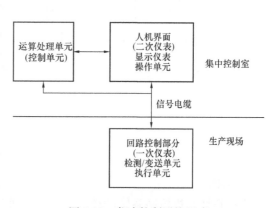

图 1-19 仪表控制系统组成

的实践证明，集中控制方式有利于炉机电间的联系，便于机组启停事故处理和正常负荷的调节。1992 年 1 月，原能源部颁发了《关于新型电厂实行新管理办法的若干意见》，重申 2 台单

元机组在1个集控室实现炉机电集中控制，明确了管理体制并提出人员的素质要求，同时给出相关的政策，从根本上解决了集中控制问题。

（4）模拟仪表控制系统的局限性。不论是气动单元组合仪表还是电动单元组合仪表，其调节、计算单元都是采用模拟原理实现的。以电动单元组合仪表为例，其控制算法，如比例、积分、微分等调节规律，均利用电容、电感、电阻等元件的电气规律模拟实现；而气动单元组合仪表则利用射流原理来模拟各种控制规律。但这些方法均有较大的局限性。

1）计算精度不高，其精度受元件参数的精度或加工精度的影响较大。

2）随着时间的推移、环境的变化和机件的磨损，各种参数会发生变化，造成控制精度的下降。

3）以模拟方式实现的计算，其动态范围也受到较大的限制。如果在控制回路中需要一个较大的滞后环节，实现起来是非常困难的。因此，单元式组合仪表的控制回路绝大多数是经典PID控制，很少有更高级的控制算法。

模拟控制方式的这些问题，促使人们寻求正好的控制器或调节器。随着微处理器的出现和数字技术的发展，以数字技术为基础的计算机控制逐步占据了控制系统的主导地位。

第五节　计算机控制系统

一、计算机控制系统的基本组成

计算机控制系统，是由数字计算机全部或部分取代常规的控制设备和监视仪表，对动态过程进行监视和控制的自动化系统。系统中所使用的计算机一般称为过程控制计算机，是系统的核心设备。过程控制计算机的硬件主要包括主机、外部设备、过程通道、人机接口设备和通信设备等。其组成如图1-20所示，最主要的特点是具有过程通道设备。

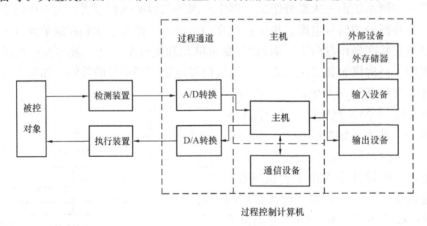

图1-20　计算机控制系统的硬件组成

1. 主机

主机是计算机控制系统的核心，由中央处理器（CPU）、内存储器（RAM、ROM）和其他支持电路等组成。

2. 外部设备

外部设备也称外围设备，是指除主机之外的其他必备的支撑设备，按功能可分成三类，即输入设备、输出设备和外存储器。

常用的输入设备有键盘、鼠标、光驱等，用来输入程序、数据和操作命令。

常用的输出设备有打印机、绘图仪、记录仪，以及 CRT 显示器等，用来提供系统中的各种信息。

常用的外存储器有硬盘、光盘等，用来存储程序软件、历史数据，是计算机内存储器的扩充和后备存储设备。

3. 过程通道

过程通道又称过程输入/输出（Process Input Output，PIO）通道，它是计算机和生产过程之间信息传递和变换的桥梁和纽带。过程通道有输入通道（A/D）和输出通道（D/A）两类。输入通道用来将检测装置送来的过程量转换成计算机所能接受和识别的代码；输出通道用来将计算机输出的控制命令和数据转换成执行装置能接收的信号。

4. 人机接口设备

人机接口设备用来建立人与计算机之间的联系，运行维护人员通过人机接口设备了解和干预生产过程，维护人员通过人机接口来管理和维护系统，对控制系统、控制策略及参数进行修改。在单台计算机构成的控制系统中，输入输出设备充当人机接口设备，多台计算机构成的控制系统中，人机接口设备可以由独立的计算机来完成。

5. 通信设备

复杂生产过程的控制与管理，仅由单台计算机是难以胜任的，往往需要多台计算机的协同工作。每个计算机完成不同的功能，在地理上也可能是分散的，它们之间的信息交换要通过通信设备或计算机网络来实现。

二、计算机控制系统的发展

1. 数据采集与处理系统

电子数字计算机是 20 世纪 40 年代诞生的，但直到 1958 年才开始进入控制领域。1958 年 9 月在美国路易斯安那州的一座发电厂内安装了第一台用于现场状态监视的计算机，当时的这个系统并不能称为控制系统，因为它只是将一些现场检测仪表的数据采集到一起，然后在计算机的显示屏上进行显示，以供操作人员在中央控制室内观察发电厂的运行参数。因此，这样的系统被称为监视系统（Monitoring System）或数据采集系统（Data Acquisition System）。

数据采集与处理系统对生产过程中的各种参数进行巡回检测，并将所测参数经过程输入通道输入计算机。计算机根据预定的要求对输入信息进行判断、处理和运算，需要时，以易于接受的形式向运行人员屏幕显示或打印出各种数据和图表。当发现异常工况时，系统可发出声光报警信号，运行人员可据此对设备运行情况集中监视，并根据计算机提供的信息去调整和控制生产过程。系统还具备大量参数的存储积累和实时分析功能，可保存有关运行的历史资料，可对生产过程趋势进行综合分析。另外，利用该系统采集到的生产过程输入和输出数据，建立和完善生产过程的数学模型。图 1-21 所示为数据采集与处理系统。

数据采集与处理系统对生产过程运行参数进行采集和必要的处理，是计算机在工业生产过程中应用的一种最初级、最为普遍的形式，可简化仪表系统的设计与布置，减轻运行人员的劳动强度。严格地说，数据采集与处理系统不属于计算机控制的范畴，其输出并不直接控制生产过程。但是任何计算机控制系统都离不开数据的采集与处理，因此，数据采集与处理

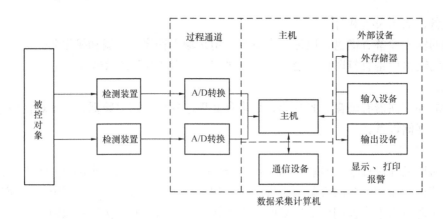

图 1-21　数据采集与处理系统

系统是计算机控制系统的基础和先决条件。

2. 监督控制系统

1959 年 3 月，在美国德克萨斯州的一个炼油厂投运了另一套计算机系统，该系统不仅可以显示现场仪表的检测数据，而且可以设定或改变现场控制仪表的给定值，然而真正实施控制（即根据给定值和实际检测值的偏差计算出控制量并实际输出，以使实际值回到给定值）的工作仍然由控制仪表完成。这套系统应该是世界上最早的设定值控制（Set Point Control，SPC）或称为监督控制系统（Supervisory Computer Control，SCC）。

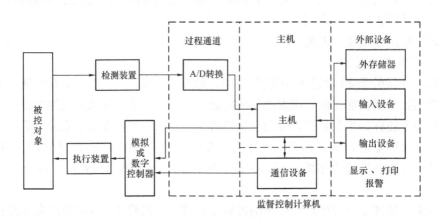

图 1-22　监督控制系统

监督控制系统实际上是一个两级控制系统，上级是以计算机为主体的监督控制级，下级是以模拟控制器或微处理器为主体的直接控制级。监督计算机根据反映生产过程工况的实时数据和数学模型，计算出各控制回路的最佳设定值，并对系统中的模拟控制器或数字控制器（一般为 DDC）的设定值直接进行修改。监督控制系统是一个闭环控制系统，监督计算机不直接控制生产过程，而是完成最优工况及其设定值的计算，它对生产过程的控制作用是通过改变模拟或数字控制器的设定值来体现的。图 1-22 所示为监督控制系统。

监督控制系统与数据采集系统相比，计算机应用程度更高一些。在监督控制级发生故障时，直接控制级仍可独立完成控制操作，只不过此时的设定值不能按优化的要求自动修改而已。这样也使系统的可靠性和安全性得到保证。

3. 直接数字控制系统

1960 年 4 月，在美国肯塔基州的一个化工厂投运的另一套计算机系统，除了完成现场检测数据的监视和设定值的功能外，还可以实际完成控制计算并输出控制量，这就是第一个直接数字控制（Direct Digital Control，DDC）系统。

直接数字控制系统是由计算机或以微处理器为基础的数字控制器取代常规模拟控制器，直接对生产过程进行闭环控制的系统，如图 1-20 所示。

在直接数字控制系统中，计算机通过过程输入通道对被控对象的有关参数进行巡回检测，并将所测参数按一定的控制规律进行运算处理，其结果经系统的过程输出通道作用于被控对象，使被控参数达到生产要求的性能指标，计算机应用程度更高。

三、DDC 系统的形式

最初，DDC 系统在现场应用过程中有两种主要形式，集中控制系统和回路调节器。

1. 集中控制系统

在集中控制系统中，为了充分发挥计算机的利用率，计算机通常用来代替多台模拟控制器，控制几个或几十个控制回路，利用计算机强大的计算处理能力将所有回路的控制计算工作集中完成，各控制回路可共享资源。如图 1-23 所示。

这种将所有控制回路的计算处理集中在一起的方法比较有利于复杂控制功能的实现，如复合控制及多个回路协调控制等，但也同时带来了安全性和计算能力的问题。由于所有回路都集中在计算机中进行计算处理，因此计算机成为整个系统可靠性的"瓶颈"，一旦计算机出现故障，所有的控制回路都会失去控制，整个系统将失控，这是非常危险的。

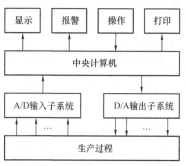

图 1-23 集中型计算机控制系统

另外，受到计算机处理能力的限制，在控制回路太多或要求控制周期很短时，系统将满足不了要求。这种系统要求计算机不仅具有良好的实时性、适应性，而且还应有很高的可靠性。为确保安全生产，可设置备用计算机或常规仪表控制系统，这势必又会增加系统的复杂性和系统的投资。

我国电力行业于 1964 年开始研究计算机在火电厂的应用，首先指定上海南市电厂已运行的 12MW 机组作为科研试点。1965 年，高井电厂 3 号机组（100MW）建设时，经原电力部批准作为应用计算机的工程试点。当时设计功能为集数据采集与处理和自动控制于一机的集中式计算机监控系统，与当时美国等开展的工作基本同步。采用的计算机为晶体管计算机，体积庞大，可靠性低，MTBF 仅为 50h。显然这种方案很难满足机组安全运行的要求，最终宣告集中式计算机系统在火电厂应用失败。

因此，如何保证可靠性和提高实时性、适应性，始终是集中控制系统面临的重大问题。

1985 年确定陡河电厂 8 号（200MW）机组进行工程试点，采用小型机完成数据采集和处理（DAS）功能，机型选择索拉 16（So-lar16）计算机作为试点机，于 1988 年 3 月通过原水电部和电子部组织的鉴定。同时石横（2×300MW）、平圩（2×600MW）工程引进美国 Foxboro 公司的技术实现计算机监视功能（MARC），为我国应用计算机提供了许多有益的借鉴。

图 1-24　数字式回路
控制器外形

2. 回路调节器

在 20 世纪 80 年代前后，随着大规模集成电路和微处理器的发展，在仪表控制系统中出现了一类新的产品，这就是以数字技术为主的单回路调节器 SLC（Single Loop Controller）。这种产品以微处理器为核心，主要完成控制计算的功能，其最主要的用途是代替单元式组合仪表的计算、调节、显示及给定值等单元，而检测、执行等功能仍然由常规的单元完成。以这种方式组成的系统是另一种模拟式和数字式混合模式的系统。数字回路控制器外形如图 1-24 所示。

由于微处理器采用数字方式进行控制计算，因此计算的能力大大加强，可以实现相当复杂或难度很高的控制计算。在这方面，单回路调节器正好弥补了单元式组合仪表计算能力较弱的缺点。而且数字化的处理相对于模拟方式的处理来说还有一个相当大的优势，就是具有数字通信功能，可以被用来方便地实现如串级控制、复合控制等较复杂的控制功能。因此在相当长的一段时间内，单回路调节器发展很快，后来又在单回路调节器的基础上发展了多回路调节器。尽管单回路调节器在内部采用了数字技术，以微处理器为核心构成系统，但在形式上还是沿用了单元式组合仪表的构造，仍然是以一个单元的方式安装在仪表面板上。所不同的是单回路调节器的显示多采用数字式的显示，即用数码管直接显示出测量值或控制值、设定值等。也有些单回路调节器为了与原有单元式组合仪表在外观和使用习惯上保持完全一致，采用了模拟单元式组合仪表的显示和操作方式的设计，如指针显示等。

对于串级控制、复合控制等较复杂的控制功能，常规的组合式单元仪表的做法是采用硬接线将所需信号引到仪表的计算单元，并参与控制计算。而对于单回路调节器而言，既可以通过硬接线引入所需信号，又可以通过微处理器之间的通信获取所需信号。后一种方式在控制系统中被称为"引用"，在一个复杂的、规模较大的控制系统中，引用是经常出现的。

四、DCS 的产生背景

从以上的叙述可以看到，从 1958 年开始就陆续出现了由计算机组成的

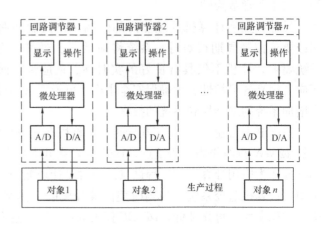

图 1-25　回路调节器控制方式

控制系统，这些系统实现的功能系统不同，实现数字化的程度也不同。数据采集系统仅在人机界面中对现场状态的观察方式实现了数字化，监督控制系统则在对模拟仪表的设定值方面实现了数字化，而直接数字控制系统在人机界面、控制计算等方面均实现了数字化，但还保留了现场模拟方式的变送单元和执行单元，系统与它们的连接也是通过模拟信号线来实现的。

集中控制系统将所有控制回路的计算都集中在中央计算机中，这引发了可靠性问题和实时性问题。由于当时计算机的可靠性低，导致集中控制系统存在危险性高的致命缺陷，从而使之不能在实际中得到广泛推广和应用。

回路调节器产品在可靠性上有所保证，但其控制功能只局限于一个或多个回路，如图1-25所示。设计思想仍沿用了单元组合仪表的方案，只是将模拟调节器替换为数字调节器。在数据共享方面，使用一些其他方法来解决不同调节器之间的信息传递问题。如采用硬接线将所需信号引到其他调节器，也可以通过微处理器之间的通信获取所需信号，通常是通过RS-232 或 RS-485 串行通信来进行的。

随着系统功能要求的不断增加、性能要求的不断提高和系统规模的不断扩大，这两个问题更加突出。20 世纪 70 年代，国外在总结集中式计算机系统失败经验的基础上，提出分散控制的构想，即将控制功能分散到多个计算机中实现，提高系统可靠性，同时将各计算机的信息集中起来，实现资源共享。分散控制设计方案的主要技术瓶颈在于如何解决通信问题，使现场中用于分散控制的站点之间进行数据通信，以及将现场各个控制站中的数据传递给上位 CRT 显示。

经过多年的探索，在 1975 年出现了 DCS，这是一种结合了仪表控制系统和 DDC 系统两者的优势而出现的全新控制系统，它很好地解决了之前在应用中的两个问题。

20 世纪 80 年代，我国紧跟这一技术的发展，开展了 DCS 的技术交流与讨论。1985 年，望亭电厂 14 号机组（300MW）成为 DCS 的工程试点，DCS 中的数据采集和处理功能随机组一同投用，应用成功并达到了预期效果，同时于 1992 年召开技术评议会，为 DCS 在火电厂的应用闯开了道路，也为提高电厂的自动化水平创造了条件。

通常说 DCS 是 4C 技术的产物，即控制技术（Control）、计算机技术（Computer）、图形显示技术（CRT）和通信技术（Communication）。单元式组合仪表和 DDC 系统是 DCS 的两个主要的技术来源，或者说，DDC 系统的数字技术和单元式组合仪表的分布式体系结构是 DCS 的核心。而这样的核心之所以能够在实际上形成并达到实用的程度，则有赖于计算机局域网的产生和发展。也可以认为，DDC 系统是计算机技术进入控制领域后出现的新型控制系统，将计算机与控制结合起来；而 DCS 则是网络通信技术进入控制领域后出现的新型控制系统，通信技术是 DCS 实现的关键。

分散控制系统概述

第一节 分散控制系统的总体结构

一、DCS 的基本组成

自 1975 年 Honeywell 公司推出第一套 DCS 以来，已经有上百种 DCS 产品应用。虽然这些产品各不相同，但在体系结构方面却大同小异，所不同的只是采用了不同的计算机设备、不同的网络或不同的应用软件。

DCS 的组成可以简单地归纳为"三站一网"或"三站一线"。"三站"是指三种不同类型、完成不同功能的计算机设备，在网络技术中也称节点。这三种不同类型的节点是面向被控过程现场的现场控制站、面向操作人员的操作员站和面向监督管理人员的工程师站。"一网"是指系统网络，即将这三种不同类型的计算机设备连接起来的通信网络，是 DCS 的信息骨架。

控制站（Control Station）也称为现场控制站或过程控制站，用以实现对工业生产过程的直接数字控制。控制站接收由现场设备（如传感器、变送器）来的信号，按照一定的控制策略计算出所需的控制量，并送回到现场的执行器中去。现场控制站可以同时完成连续控制、顺序控制或逻辑控制功能，也可以仅完成其中的一种控制功能。

操作员站（Operator Station）是运行操作员与 DCS 相互交换信息的人机接口设备，它至少包括一个显示器和一个或多个输入设备（如键盘、鼠标或光笔等）。其主要功能就是为运行操作人员提供人机界面，使操作员可以及时了解现场运行状态、各种运行参数的当前值、是否有异常情况发生等，并可通过输入设备对工艺过程进行控制和调节，以保证生产过程的安全、可靠运行。

工程师站（Engineer Station）是供工业过程控制工程师使用的工作站，对 DCS 进行配置、组态、调试、维护等工作。工程师站提供对 DCS 进行组态、配置工作的工具软件，并在 DCS 在线运行时实时地监视 DCS 网络上各个节点的运行情况，使系统工程师可以通过工程师站及时调整系统配置及一些系统参数的设定，使 DCS 处于最佳的工作状态之下。工程师站的另一个作用是对各种设计文件进行归类和管理，例如各种图纸、表格等。

系统网络（System Network）早期也称数据公路（Data Highway），用于系统通信，把过程控制站、操作员站等硬件设备连接起来，构成完整的 DCS，并使分散的过程数据和管理数据实现共享的软硬件结构。

因此，一个最基本的 DCS 应包括这四部分：至少一台现场控制站，至少一台操作员站，一台工程师站（也可利用一台操作员站兼做工程师站），一个系统网络。图 2-1 所示为典型的 DCS 组成结构。

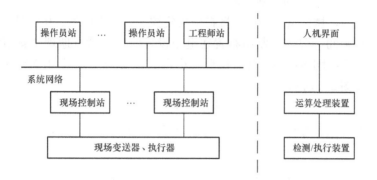

图 2-1 典型的 DCS 组成结构

与完整的控制系统组成部分相对应，人机界面的功能由操作员和工程师站完成，工程人员通过操作员站和工程师站进行测量值的读取、控制算法的组态、设定值的修改、控制指令的下发；运算处理装置为现场控制站，一般由过程通道和主控制器组成，过程通道负责现场模拟电量信号与计算机内数字信号之间的转换工作，完成测量值的采集和控制指令的传送，主控制器完成控制算法的运算，以及指令的处理；检测装置为现场变送器，执行装置为现场执行器，检测装置和执行装置直接和现场被控对象连接。

除了上述四个基本的组成部分之外，DCS 还可包括完成某些专门功能的站或装置，如记录历史数据的历史站、用于大量计算的计算站、用于与其他系统数据交换的通信接口站等。

历史站的主要任务是存储过程控制的实时数据、实时报警、实时趋势等与生产密切相关的数据，用来进行事故分析、性能优化计算、故障诊断等；也可以通过历史站实现与外部网络的接口，使外部网络不直接访问 DCS 监控网络就可以获得所需要的数据，即保证了开放性，又保证了安全性。

另外，随着数据库技术和网络技术的发展，很多 DCS 厂家都在原 DCS 的基础之上，增

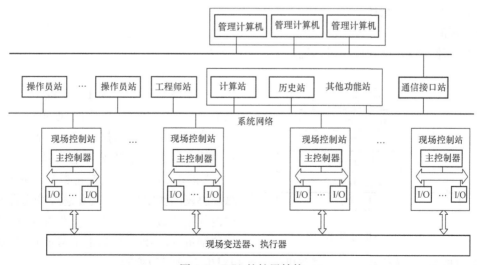

图 2-2 DCS 的扩展结构

加了管理计算机。硬件一般使用服务器形式，用来对全系统的数据进行集中的存储与管理。具有这种服务器形式的 DCS，在网络层次上又增加了管理网络层，传送管理信息和生产调度信息。图 2-2 所示为 DCS 的扩展结构。

在火电厂设计中，操作员站一般布置在中央集控室，工程师站、历史站、计算站等布置在集控室侧的工程师间，现场控制站布置在电子设备间，各站点地理位置不同，功能也不同，站点之间通过系统网络进行连接。因此，也可以说 DCS 是一个用来完成控制功能的计算机网络系统，如图 2-3 所示。

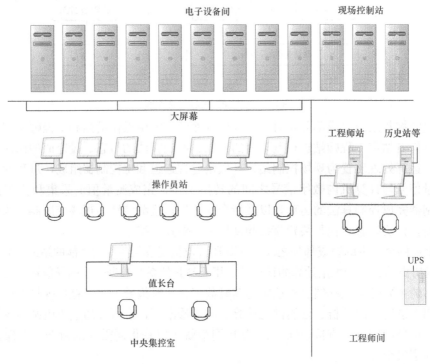

图 2-3　DCS 硬件的位置分布

二、DCS 的分级结构

从系统的功能角度上看，DCS 是一个多功能分级控制系统的结构体系，按功能可划分为管理级、监控级、过程控制级、现场级，如图 2-4 所示。

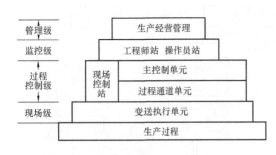

图 2-4　DCS 的分级结构

1. 现场级

现场级（Field Level）设备一般位于被控生产过程的附近，典型的现场级设备是各类传感器、变送器和执行器。它们将生产过程中的各种物理量转换为电信号，例如 4～20mA 的电信号（一般变送器）或符合现场总线协议的数字信号（现场总线变送器），送往控制站或数据采集站。或者将控制站输出的控制量（4～20mA 的电信号或现场总线数字信号）转换成机械位移，带动调节机构，实现对生产过程的控制。

按照传统观点，现场设备不属于 DCS 的范畴，但随着现场总线技术的飞速发展，网络技术已经延伸到现场，微处理器已经进入变送器和执行器，现场信息已经成为整个系统信息中不可缺少的一部分，因此，将其并入 DCS 体系结构中。

2. 过程控制级

过程控制级（Process Control Level）可分为现场控制站和数据采集站两种主要类型，直接与检测仪表和执行机构相连，完成工艺过程数据的采集和处理，并对工艺过程进行控制和监视。

过程控制站由过程通道（I/O）单元和主控制单元（MCU）组成，过程通道负责信号的转换，主控制单元负责运算处理。

数据采集站与现场控制站类似，也接收由现场设备送来的信号，并对其进行一些必要的转换和处理之后送到 DCS 中的其他部分，主要是监控级设备中去。数据采集站功能相对简单，不直接完成控制功能，这是它与现场控制站的主要区别。

3. 监控级

监控级（Supervision Level）由人机接口及有关外围设备组成，该级主要完成监视控制、最佳控制，以及集中监视操作处理等功能，主要设备有操作员站、工程师站和历史站等。其中操作员站安装在中央控制室，工程师站和历史站一般安装在电子设备间。

4. 管理级

管理级（Management Level）是 DCS 结构中最上面的一级，由管理人员人机接口等组成。该级以综合信息管理与处理功能为主，包括生产调度、系统协调、质量控制、制作报表、收集运行数据和进行综合分析、提供决策支持等。

管理级包含的内容比较广泛，一般来说，它可能是一个发电厂的厂级管理计算机，也可能是若干个机组的管理计算机。它所面向的使用者是厂长、经理、总工程师、值长等行政管理或运行管理人员。厂级管理系统的主要任务是监测企业各部分的运行情况，利用历史数据和实时数据预测可能发生的各种情况，从企业全局利益出发辅助企业管理人员进行决策，帮助企业实现其规划目标，实现全厂性能监视、运行优化等工作，又称为厂级监控信息系统（SIS）。

对管理计算机的要求是能够对控制系统作出高速反应的实时操作系统；大量数据的高速处理与存储；能够连续运行可冗余的高可靠性系统；能够长期保存生产数据，并且具有优良的、高性能的、方便的人机接口；丰富的数据库管理软件、过程数据收集软件、人机接口软件，以及生产管理系统生成等工具软件，实现整个工厂的网络化和计算机的集成化。

应用中的 DCS 并非全部具有上述四级功能。大多数应用系统，目前只配置和发挥到现场级、过程控制级和监控级，只在大规模的综合控制系统中才应用到全部四级功能。

DCS 的分级结构是其功能的垂直分解的结果，反映出系统功能的纵向分散，意味着不同层次所对应的设备有着不同的功能、不同的任务和不同的控制范围。对于每一层次，又可将其划分成若干个子集，即进行所谓的水平分解。水平分解反映了系统功能的横向分散，它意味着某一功能的实现，是由若干个功能子集和子系统自主工作、相互支持、共同完成的。

DCS 这种金字塔式的分级递阶结构，体现了大系统理论的分解与综合的思想，将分散控制、集中管理有机地统一起来。

三、LN2000 系统总体结构

LN2000 系统是山东鲁能控制工程有限公司与华北电力大学联合开发研制并推广的一种分散控制系统（DCS）产品。它继承和发扬了传统 DCS 的优点，实现了控制功能分散，显示、操作、记录、管理集中。该系统采用了多种先进技术，如计算机技术、图形显示技术、数据通信技术、先进控制技术等，以其系统结构合理、功能强大、丰富的控制软件、充分体现现代意识的简洁操作界面、得心应手的组态及维护工具和开放的通信系统，集数据采集、过程控制、生产管理于一体，能够满足大、中、小不同规模的生产过程的控制和管理需求，有着广泛的应用领域。LN2000 系统的总体结构如图 2-5 所示。

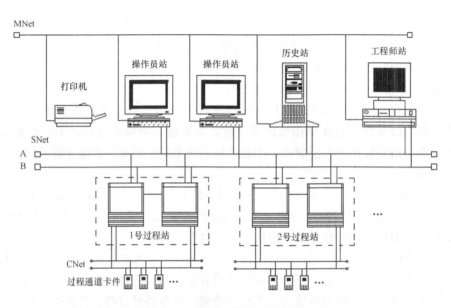

图 2-5　LN2000 系统的总体结构

第二节　分散控制系统的硬件组成

一、现场控制站的物理结构及其硬件构成

1. 现场控制站的类型

在 DCS 中，现场控制站是过程控制级的设备，是完成对过程现场输入/输出信号处理并实现直接数字控制（DDC）的网络节点。在 DCS 的应用中，用于过程控制级的设备有两种主要形式：一种是 DCS 自身的"现场控制站"，另一种是可纳入 DCS 中应用的其他独立产品，如可编程序逻辑控制器（PLC）、可编程序回路调节器等。

（1）现场控制站。大部分 DCS 生产厂家都提供自己的过程控制设备，一般具有不同的名称，表 2-1 所示为几个典型系统的过程控制设备。不同厂家生产的 DCS，对现场控制站中的主控制器也有着不同的名称。为叙述方便起见，对过程控制设备统称为"现场控制站"。

DCS 中的现场控制站继承了 DDC 技术。不同厂家的现场控制站所采用的结构形式大致相同。概括地说，现场控制站属于过程控制专用计算机，是一个以微处理器为核心的、具备现场信号采集与输出通道，并配以机柜和电源等而构成的一个相对独立的控制装置。实际运行中可以在不与操作站及网络相连的情况下，完成过程控制策略，保证生产装置的正常运行。

表 2-1　　　　　　　　　　　　典型系统的过程控制设备

厂　商	系统名称	过程控制设备名称	主控制器（MCU）名称
山东鲁能控制	LN2000	Distributed Processing Unit 分布式处理单元	LN-PU
Bailey Controls	INFI-90	Process Control Unit 过程控制单元	多功能处理模件
Westinghouse	WDPF-II	Distributed Processing Unit 分布式处理单元	功能处理机
Leeds N	MAX-1000	Remote Processing Unit 远程处理单元	数字处理器（DSP）
Siemens	Teleperm-ME	Automation Subsystem 自动子系统	智能或功能模件
Foxboro	I/A Series	控制处理机和现场总线模件	控制处理主模件（CP）
HITACH	HIACS-3000	HISEC-04M/L，M/F 高性能控制器	H04-M 控制器

（2）可编程序回路调节器。可编程序回路调节器是外貌类似一般盘装仪表的数字化过程控制装置，由微处理器、RAM、ROM、模拟量和数字量 I/O 通道、电源等基本部分组成的微型计算机系统，能够独立构成控制回路。这种调节器的生产厂家和品种较多，仅就控制回路的能力而言，有单回路、双回路、四回路、八回路等形式。可编程序回路调节器具有 PID 控制运算功能、信号选择控制功能和按预定曲线件制等功能，可以实现前馈、串级、单回路、多回路控制，并可进行故障检测、报警、手动操作等。为使可编程序调节器具有更好的通用性和灵活性，一般设有通信接口，如 RS-232 或 RS-422，使得调节器能够与其他上位机及设备通信。

（3）可编程序逻辑控制器（Programmable Logic Controller，PLC）。可编程序逻辑控制器也是一种以微处理器为核心、具有存储记忆功能的数字化控制装置。它的最大特点是提供了开关量输入、输出通道，可以通过预先编制好的程序来实现时间顺序控制或逻辑顺序控制，以取代以往复杂的继电器控制装置。目前，各厂家生产的 PLC 均已标准化、模块化、系列化。

新型的 PLC，还提供了模拟量输入、输出通道和 PID 等控制算法，可以实现对连续过程的控制。这种集模拟量控制和开关量控制为一体的 PLC，通常也称为可编程控制器（Programmable Controller，PC）。PLC 一般设有通信接口（RS-232 或 RS-422），它既可作为一个独立的控制站直接与 DCS 的操作站交换信息，也可以连接到 DCS 的现场总线上，还可以通过网间连接器与 DCS 的上层通信网络连接。

可编程序回路调节器和 PLC，与 DCS 具有不同的发展历程和应用特点，可以独立应用，可以在 DCS 中作为第三方设备应用，也可以与上位操作站、网络及监控软件构成完整的 DCS，如英国欧陆公司的 Network6000。有些 PLC 经过发展已经成为 DCS 产品，如西门子公司的 PCS7。因此，可以使整个控制系统的应用方案更加灵活和多样。

本书主要讨论传统意义上的 DCS 厂家自己提供的、以连续过程量控制为起源的现场控制站产品。

2. 现场控制站的组成

现场控制站是 DCS 的核心，对现场信号处理并实现直接数字控制（DDC）功能，系统主要的控制功能由它来完成，系统的性能、可靠性等重要指标也都要依靠现场控制站保证。

现场控制站的硬件都采用专门的工业级计算机系统，主要由过程通道（I/O 模块）、主控制器、电源、通信接口、机柜及其他辅助设备组成，外形如图 2-6 所示。

（1）过程通道。也称为过程量 I/O 或现场 I/O 通道，是为 DCS 的各种输入/输出信号提供数据通道的专用模件，是 DCS 中种类最多、使用数量最大的一类模件。

（2）主控制器（Main Control Unit）。实现处理和计算的主体，一般为工业级计算机，其中包括 CPU、存储器、处理和计算软件，用于数据的处理、计算和存储。

（3）电源系统。为过程通道单元及主控制器提供电源，也为一些现场变送器提供电源。

图 2-6　现场控制站

（4）通信网络。包括根据需要配置的交换器及路由器等。

（5）机柜、机架等机械安装结构件。

一个现场控制站，包括过程通道、主控制器及现场信号电缆相连接的端子排等，被安装在一个电气机柜中，一个机柜（在现场控制站规模较大时也可能用两个并列机柜）是一台现场控制站。

一套 DCS 中要设置多台现场控制站，用以分担整个系统的 I/O 和控制功能。这样既可以避免由于一个站点失效造成整个系统的失效，提高系统可靠性，也可以使各站点分担数据采集和控制功能，有利于提高整个系统的性能。这种配置方案属于 DCS 体系中分布式的概念，将控制功能分散到多个控制单元中，同时也将危险分散，提高系统的可靠性。这是 DCS 横向分散的一个概念，即将同样的功能分散到不同的单元里实现。

在物理结构方面，DCS 的现场控制站采取了集中安装的方式。虽然现场控制站在理论上可以通过计算机网络被放置到工厂的各个不同的位置，但考虑到运行管理和维护的方便，一般还是集中安装在离主控制室不远的电子设备间中。多台现场控制的机柜并列在电子设备间中，这样便于值班人员及时掌握 DCS 的运行情况，也便于接线、查线和进行设备维修。也就是说，DCS 的分布概念是

图 2-7　DCS 操作员站

逻辑上的，而在物理上仍然采用集中安装方式。

二、操作员站的物理结构及其硬件构成

DCS 的操作员站是处理一切与运行操作有关的人机界面（Operator Interface，OI 或 Man Machine Interface，MMI）功能的网络节点。运行人员可以在操作员站上观察生产过程的运行情况，读出每一个过程变量的数值和状态，判断每个控制回路是否工作正常；并且可以随时进行手动/自动控制方式的切换，修改给定值，调整控制量，操作现场设备，以实现对生产过程的干预；另外还可以打印各种报表，拷贝屏幕上的画面和曲线等，如图 2-7 所示。

操作员站由工业微型计算机或工作站、工业键盘、轨迹球、大屏幕 CRT 和操作控制台组成，这些设备除工业键盘外，均属通用型设备，一般不需特殊制造。计算机一般采用桌面型通用计算机系统，如图形工作站或个人计算机等。其配置与常规的桌面系统相同，但要求有大尺寸的显示器（CRT 或液晶屏）和高性能的图形处理器，有些系统还要求每台操作员站使用多屏幕，以拓宽操作员的观察范围。为了提高画面的显示速度，一般都在操作员站上配置较大的内存。工业键盘的作用更偏重于特殊功能键，用以实现若干个重要的确定性的功能，主要根据系统的功能用途及应用现场的要求进行设计和安排，例如功能键的设置、盘面的布置安排及特殊功能键的定义等。有了轨迹球，很多功能可以通过屏幕操作实现。

三、工程师站的物理结构及其硬件构成

工程师站是对 DCS 进行离线的配置、组态工作和在线的系统监督、控制、维护的网络节点。工程师站一般由 PC 机配置一定数量的外部设备所组成，例如打印机、绘图机等。工程师站的硬件没有什么特殊要求，选用通用的微型计算机工作站就可以了。由于工程师站放在计算机房内，工作环境条件较好，所以不一定非要选用工业型的机器；但由于工程师站要长期连续在线运行，所以其可靠性要求较高。

一般在一个标准配置的 DCS 中，都配有一台专用的工程师站，也有些小型系统不配置专门的工程师站，而将其功能合并到某台操作员站中，在这种情况下，系统只在离线状态具有工程师站，而在在线状态下就没有了工程师站的功能。当然也可以将这种具有操作员站和工程师站双重功能的站设置成可随时切换的方式，根据需要使用该站完成不同的功能。所有的 DCS 都要求有系统组态功能，可以说，没有系统组态功能的系统就不能称其为 DCS。

四、系统网络

DCS 的另一个重要的组成部分是系统网络，它是连接系统各个站的桥梁，也可以说是 DCS 的骨架。由于 DCS 是由各种不同功能的站组成的，这些站之间必须实现有效的数据传输，以实现系统总体的功能，因此系统网络的实时性、可靠性和数据通信能力关系到整个系统的性能。特别是网络的通信规约，关系到网络通信的效率和系统功能的实现，因此都是由各个 DCS 厂家专门精心设计的。

DCS 是一种纵向分级式结构形式，可分为现场级、过程控制级、监控级和管理级。对应这四级结构，有不同的计算机网络形式把相应的各级设备连接起来，分别为现场网络（Field Network，FNet），控制网络（Control Network，CNet）、监控网络（Supervision Network，SNet）和管理网络（Management Network，MNet），典型结构如图 2-8 和图 2-9 所示。

（1）现场网络由各类现场总线及远程 I/O 总线构成，位于被控生产过程附近，用于连接远程 I/O 或现场总线仪表。

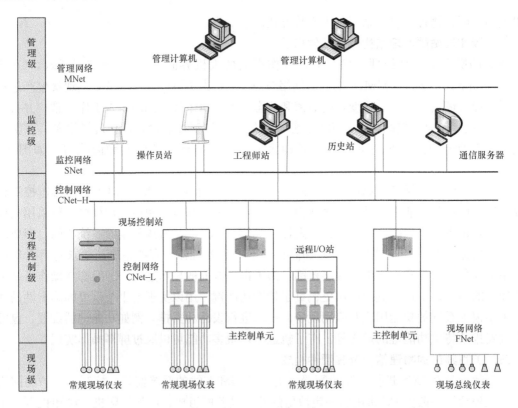

图 2-8　DCS 的典型网络结构（一）

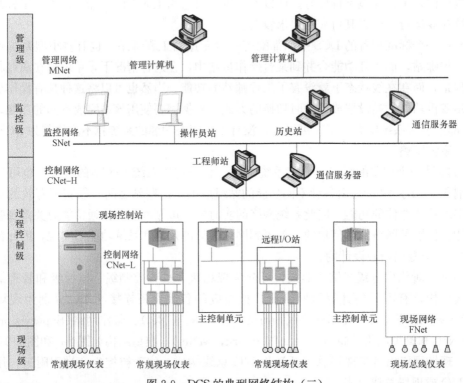

图 2-9　DCS 的典型网络结构（二）

（2）控制网络由位于控制柜内部的柜内低速总线（CNet-L）和位于控制柜与人机接口之间的高速总线（CNet-H）构成，用于传递实时过程数据。

（3）监控网络位于监控层，用于连接监控层工程师站、操作员站、历史记录站等人机接口站，传递以历史数据为主的过程监测数据。

（4）管理网络位于管理层，用于连接监控级设备与管理级计算机。

在具体实现中，网络的构成有不同形式，有不同的组合方式和连接方式，相关内容将在后续的章节中详细讨论。

五、LN2000 系统的硬件组成

图 2-10 所示为 LN2000 系统的基本硬件组成单元。

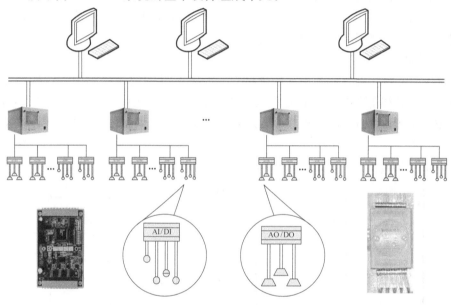

图 2-10　LN2000 系统的基本硬件组成单元

1. 硬件名称

（1）站。按照通信系统对通信设备的定义，通信网络中的硬件设备称为站，又称为节点。在 LN2000 系统中，有过程控制站、操作员站、工程师站、历史数据/记录站、外部数据接口站等，其中操作员站、工程师站、历史数据/记录站、外部数据接口站统称为上位站或人机接口站，过程控制站又称为下位站。

（2）操作员站（OS）。具有对现场过程进行监视、操作、记录、报警、数据通信等功能，以通用计算机为基础配置专用监控软件的计算机。

（3）工程师站（ES）。采用通用的计算机和操作系统，以及完整的专用组态软件，用于过程控制应用软件组态、系统调试和维护的计算机称为工程师站。

（4）外部数据站。用于 LN2000 系统同其他系统通信的站，来自其他系统的数据称为外部数据。

（5）主控制单元（LN-PU）。以高性能微处理器为核心，能进行多种过程控制运算，并通过 I/O 模块完成模拟量控制、逻辑控制等功能的计算机，简称 PU。

（6）I/O 智能模块。I/O 模块是过程控制站与现场生产过程之间的桥梁，过程控制站通过 I/O 模块完成过程数据采集和实现对生产过程的控制。在 LN2000 系统中，I/O 模块以微处理器为核心，自行完成数据检测与处理，无须主控制单元干涉，与 LN-PU 一起构成现场控制站，又称过程控制站。

（7）实时数据网络。用于系统通信，把过程控制站、操作员站等硬件设备连接起来，构成完整的 DCS，并使分散的过程数据和管理数据实现共享的软硬件结构，称为实时数据网络。该网络采用了双网同时工作的冗余方式，使用高性能以太网交换机实现。

（8）CAN 现场总线。CAN 是控制局域网络（Control Area Network）的简称，在 LN2000 系统中，过程控制站和智能模块通过 CAN 协议的现场总线进行通信，又称为 I/O 通信总线、I/O 通信网络，也采用了双网冗余方式。

（9）过程控制柜。冗余的过程控制站及其管理和控制的 I/O 模块安装到专用机柜中形成一个整体，称为过程控制柜，又称系统机柜。

2. 现场控制柜结构

LN2000 系统中，直接控制单元的硬件都安装在标准的控制机柜中。这些控制机柜除了有安装 LN-PU 和 I/O 模块的过程控制柜外，还有继电器柜、系统电源分配柜等。一般情况下，这些机柜的物理尺寸和外观是相同的，用户也可以根据工程需要订制特殊类型的机柜。

过程控制柜的外形尺寸如图 2-11 所示。

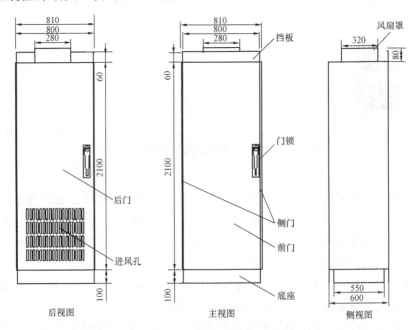

图 2-11　过程控制柜的外形尺寸

一个过程控制柜可以安装一对冗余配置的 LN-PU、一对冗余的 DC 24V 电源、52 个 I/O 模块或继电器板，其布置如图 2-12 所示。

机柜布置由上而下依次为对流风扇、LN-PU、电源、交换机、I/O 模块。机柜冷却方式采用空气对流自然冷却，由机柜后面门的下部进气，自下而上，最后由对流风扇把气流从机柜上部送出。

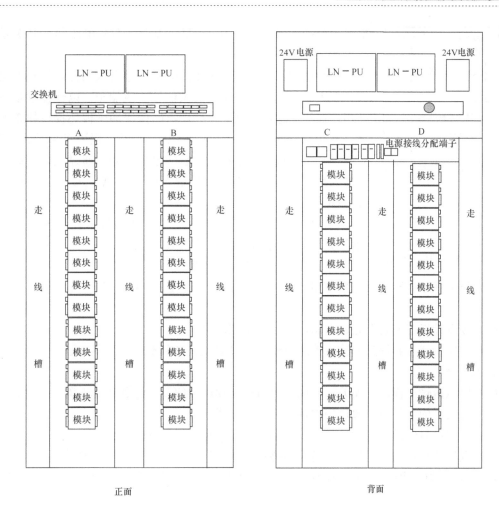

图 2-12 过程控制柜布置

第三节 分散控制系统的软件组成

一、信号流程

目前 DCS 的功能已非常强大,从其设计思想上看,可以实现从过程控制到生产管理直至经营管理的所有功能,但在火电厂中,其最普遍的应用形式还是过程控制。要掌握 DCS 应用于过程控制的方法,首先要掌握 DCS 的信号流程,其次要充分理解 DCS 中各种信号的产生、转换、运算和输出原理。

如图 2-13 所示,简要说明 DCS 中几种典型信号的流程,主要包括过程信号的输入与输出、主控制器中的控制运算、操作员站的显示与操作、信号在设备间的传送。

1. 信号输入过程

现场信号进入 DCS 一般要经过以下几个步骤:

(1)现场各种物理量信号(温度、压力、流量、液位、功率等)通过一次测量仪表或变送器转换为电量信号。电量信号包括模拟量信号和开关量信号,常见的模拟量信号为毫伏、

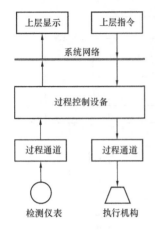

图 2-13 DCS 的信号流程

电阻、4～20mA 电流、0～10V（或 1～5V）电压等，开关量信号一般为干接点。

（2）使用信号电缆将现场的电量信号引入到控制机柜的接线端子板上。接线端子板主要提供信号接线端子，以连接现场电缆和柜内接线，除此之外，一些厂家的接线端子板还提供简单的信号处理功能，如电流/电压转换、信号滤波、现场变送器供电等。

（3）经过接线端子板汇总后的电量信号，通过柜内接线连接至输入型过程通道，即模拟量输入模件（AI）或开关量输入模件（DI）。

（4）模拟量输入模件（AI）或开关量输入模件（DI）将电量信号转换为计算机内部格式的数字量。

2. 主控制器中的控制运算

（1）经过程通道转换后的数字量，通过主控制器与过程通道间的 I/O 总线传送至主控制器中。

（2）按设计组态的要求完成控制运算，得出控制值。

（3）主控制器运算得到的输出控制值通过 I/O 总线传送到输出型过程通道。

3. 信号输出过程

（1）模拟量输出模件（AO）和/或开关量输出模件（DO），将数字量转换为电量信号。

（2）转换后的电量信号通过柜内接线连接至接线端子板上。

（3）使用信号电缆将电量信号从接线端子板传送至生产现场的执行机构上。

（4）现场执行机构将电量信号转换为物理动作，设备的动作也分为两种形式。模拟形式（0～100%）如阀门开度、电动机转速，开关形式（I/O）如阀门的开或关、电动机的启或停。

4. 操作员站显示过程

当操作员调出相应画面观看过程参数时，一般经过以下几个步骤：

（1）操作员向相应控制器发出数据请求（有些 DCS 不需要数据请求）。

（2）DCS 主控制器将数据发送到 DCS 系统网络上。

（3）操作员站得到数据并在图形界面上显示出来。

5. 操作员站操作过程

（1）操作员通过键盘或鼠标改变可调变量，如设定值、输出值、状态切换等。

（2）修改后的数据发送到 DCS 系统网络上。

（3）DCS 主控制器获得数据后，完成相应操作，如内部运算或输出到现场设备。

6. 数据在设备间的传送

数据在设备间的传送主要包括以下方面：

（1）现场设备与过程通道之间的数据传送。

（2）过程通道与主控制器之间的数据传送。

（3）主控制器与监控级设备（包括操作员站、工程师站、历史站等）之间的数据传送。

（4）主控制器之间的数据传送。

（5）监控级设备之间的数据传送。

（6）监控级设备与管理级设备之间的数据传送。

本书按照 DCS 的信号处理流程，划分为数据的采集和预处理、数据的运算、数据的传递、数据的显示和操作、数据的保障等几个部分。

二、DCS 的软件组成

如第一章所述，直接控制系统（DDC）包括测量方法和测量装置、控制方法（包括算法）和运算处理装置、执行方法和执行装置。在这三个要素中，方法是软件，这里的软件是指解决方案，而不是指具体的程序代码，各种装置则是硬件，是实现方法的手段。分散控制系统也由硬件和软件组成，硬件提供实现方法的平台和手段。

按照 DCS 的信号处理流程从现场级开始说明如下：

现场级主要包括变送器和执行机构，一般不涉及具体的软件代码，使用硬件形式的测量和执行方法完成要求。

过程控制级的过程通道单元负责完成信号的 A/D、D/A 转换，同时要将转换后的数据通过通信的方法向主控制单元发送。一般使用单片机形式进行软件开发，使用汇编语言完成 A/D、D/A 的逻辑控制和数据的通信功能。

过程控制级的主控制单元接收过程通道单元传送来的数据，需要使用数据通信程序；要按设计组态要求运算，需要运算程序；运算后的结果要传送给过程通道输出单元，同样需要使用通信程序；数据要向监控层发送，需要通信程序；接收组态文件，需要文件传送程序；接收操作员指令，需要命令解释程序；系统各程序运行是否正常，需要状态监控程序；出现故障时要求双机切换实现冗余，需要冗余切换程序。

上述这些程序一般统称为控制级软件。由于采用的硬件不同，主控制单元中的软件表现形式有很大差别，早期 DCS 的现场控制站采用 CPU 卡甚至简单的单片机的形式，这种情况一般不用操作系统。软件系统一般分为执行代码部分和系统数据部分，执行代码部分一般固化在 E-PROM 中，而系统数据部分则保存在 RAM 存储器中，在系统复位或开机时，这些数据的初始值从网络上装入。目前 DCS 的现场控制站大部分采用高性能 IPC，为了实现强大的功能，一般都有实时多任务操作系统支持，执行代码和系统数据都放在硬存储器中（如硬盘、电子盘等），在系统复位或开机时自动运行。在 LN2000 系统中，现场控制站使用高性能的 IPC，操作系统使用实时多任务操作系统。

在有操作系统的现场控制站中，执行软件的功能是由多个程序共同实现的，这些程序一般包括：过程通道数据巡检、控制算法运算、监控网络通信、在线诊断、SOE 处理、主从站监视和切换等。

主控制单元要具有很高的可靠性和实时性，所以主控制单元的软件应具有很高的可靠性和实时性。此外，DCS 现场控制站一般无人机接口，所以它应有较强的自治性，即软件的设计应保证避免死机发生，并且具有较强的抗干扰能力和容错能力。

数据从现场控制站传递至监控级。监控级的硬件主要包括操作员站、工程师站、历史站等。操作员站要能够接收，因此需要通信程序和数据显示程序；操作员指令要传送给现场控制站，也需要通信程序；为了看得更直观，需要趋势程序进行数据的图形化显示；报警、报表程序能发挥计算机的统计优势；数据库组态、控制逻辑组态、图形界面组态要在工程师站上完成；历史数据的采集和整理在历史站上完成。这些软件统称为监控级软件。

基本的监控级软件主要包括工程师站软件和操作员站软件，以及历史数据站软件等。不同的 DCS 中还有一些其他功能的软件，例如中心计算站等，这些功能可能分在不同的站中。总的来说，DCS 的软件一般指两部分：监控级软件和控制级软件，以下简要地介绍 LN2000 系统的监控级软件。

三、LN2000 分散控制系统的软件组成

LN2000 系统中的操作员站的基本功能包括以下方面：

（1）监视所有生产过程的输入输出数据点的状态和当前值。

（2）监视和处理各种报警。

（3）监视和调整控制系统工作状态。

（4）监视所有控制设备状态，包括网络、过程控制站、所有数据采集卡件，以及采集通道。

LN2000 系统中的工程师站的基本功能包括以下方面：

（1）组态系统数据库。

（2）组态操作员站用的图形界面、报警界面，以及趋势曲线界面。

（3）组态控制系统 SAMA 图。

（5）过程控制站状态和数据库管理。

（6）系统用户管理。

（7）系统对时。

此外，记录历史数据和形成各种报表的功能可以放在单独的历史数据站中，或者放在工程师站中。这些功能是由许多不同的功能软件完成的。功能软件的开发充分采用了最新的软件技术，采用了面向对象的管理、分析和设计方法，使得系统开发快捷，结构简洁清晰，具有良好的开放性，支持 ODBC、OLE。所有工程师站和操作员站上的软件和数据库是完全互为冗余的（除了历史数据文件）。

LN2000 系统的监控级软件介绍如下：

（1）系统管理（STARTUP. EXE）。是一个始终运行的程序，负责对下位过程站实时数据的采集、分类、存储，收集下位及上位各站的启停状态，并通过共享内存供其他程序使用。它还有用户管理、启动其他程序、对过程站操作及系统对时功能。STARTUP 软件界面如图 2-14 所示。

（2）系统数据库组态（DATABASE. EXE）。完成对系统中过程控制站的配置、模块配置和所有数据点的配置，以及相关的修改、查询功能，还具有在线查询数据点的当前值和状态值的功能。

（3）SAMA 图组态（SAMA. EXE）。以算法块为基础，通过图形组态方式，完成对系统中过程控制站的模拟量控制功能和逻辑控制功能组态及相关的修改，还具有在线调试功能。

（4）图形组态（GRAPHIC. EXE）。用来绘制操作员站的监控画面。它为用户提供了各种基本绘图工具，如直线、矩形、圆角矩形、椭圆、扇形、多边形、折线、文字、位图、3D 图形等，所有图形均可定义动态属性。还提供动态数据点连接工具，如模拟量点、开关量点、棒图、指针、实时曲线、XY 曲线、报警等。同时可以组态人与系统交互的按钮和热点。

（5）监控（OPTVIEW. EXE）。用 GRAPHIC. EXE 绘制的监控画面通过该软件显示出

图 2-14 STARTUP 软件界面

来，操作员通过彩色动态画面，可以进行生产过程的监视、操作。

（6）趋势曲线（TREND.EXE）。趋势曲线包括实时趋势曲线和历史趋势曲线。趋势曲线程序是多文档程序，每个文档包含一个趋势组，并保存成单独的文件。实时趋势中的趋势点从系统数据库中读取数据点信息，接收实时广播数据，实时显示数据点的变化趋势，实时趋势能够取得所需的数分钟前的历史数据，实现历史与实时的无缝对接；历史趋势从历史数据库里读取数据点信息，并从历史库数据文件里读取数据，显示指定时间区间的变化趋势。

（7）报警（ALARM.EXE）。报警包括实时报警列表和历史报警查询两项。实时报警的功能是将实时数据中的报警点显示在报警栏中并发出声音信号；历史报警设定查看历史报警的起始和终止时间，将历史报警文件中位于起始终止时间之间的报警显示在报警栏中。

（8）自诊断（SELFTEST.EXE）。自诊断软件用来监视整个 DCS 中从上位操作员站、工程师站到下位过程站、CAN 网、模块、数据通道的所有状态，为用户了解 DCS 运行状态提供充足的信息。

（9）历史数据记录（HISSTART.EXE）。这是在历史数据站上运行的一个程序。在 LN2000 系统中，不需要组态历史数据库，所有系统数据库中的点存储在历史数据中，采用新的压缩技术，实现实时数据库与历史数据库等同，实现了实时趋势显示和历史趋势显示的无缝对接。

（10）事件列表（EVENTLIST.EXE）。这个软件一般在历史记录站运行，包括操作记录报表和 SOE 事件报表两个部分，操作记录包括所有操作员的操作记录，SOE 记录分辨率为 1ms。

（11）统计报表（REPORT.EXE）。这个软件在历史记录站运行，可以生成生产过程各种参数、性能指标、运行状况的报表。

（12）通用接口（LN_OPC.EXE）。提供了一个具有通用工控标准（OPC DA2.0）的数据服务程序，实现了 LN2000 DCS 和其他工控软件的高性能数据通信。

（13）GPS 授时（LN_GPS.EXE）。通过串行口接收来自 GPS 模块（LN-GPS）的授时信息，为 DCS 提供标准时钟。

（14）其他接口。LN2000 分散控制系统可以根据用户需求，提供 MODBUS、CDT 等多种与第三方软件的接口。

四、LN2000 分散控制系统软件的开发思想

随着计算机技术的发展，不断有新的 DCS 产品出现，其原因在于 DCS 组成中的很多硬件可以从市场上获得，开发 DCS 的难度不断减小，对于一个中小型 DCS 来说，需要开发和购买的环节如表 2-2 所示。生产管理级软件一般称为 SIS（厂级监控信息系统），独立于 DCS 开发。

表 2-2   中小型 DCS 的开发环节

开发环节	硬件	软件
生产经营管理级	购买	数据库购买/应用软件开发
操作员站	购买	开发
工程师站	购买	开发
主控制单元	购买，组装	开发
过程通道单元	开发或购买	开发
变送执行单元	仪表厂家提供	仪表厂家提供

LN2000 软件系统的开发思想有两条主线，一条是数据库组态软件对系统数据库进行管理，数据采集软件将数据传送给数据库；另一条是控制逻辑组态软件完成控制逻辑，提供给现场控制站进行运算。LN2000 系统软件的开发思想如图 2-15 所示。

LN2000 系统软件的总体结构如图 2-16 所示，以数据输入显示单向流程说明，未表示数据操作输出流程。监控级软件的运行以上位数据库为中心，各程序从上位数据库以读写共享内存的方式存取数据；控制级软件的运行以下位分布式数据库为中心，各程序同样以读写共享内存的方式从下位数据库存取数据。如果这些程序之间都直接交换数据，势必造成数据交换的方式过多和过于复杂，因此一般 DCS 中都采用中心数据库的方式来处理程序之间的数据交换。

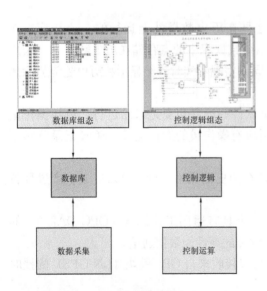

图 2-15   LN2000 系统软件的开发思想

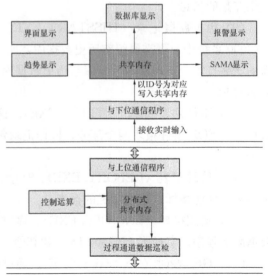

图 2-16   LN2000 系统软件的总体结构

第四节　分散控制系统应用的主要环节

DCS 的应用是一个复杂的工程，这里首先简要介绍其中的主要环节，提供一个简要思路，在最后一章给出详细的应用流程。

在应用中可以认为系统主要包括两部分：硬件设计与软件设计。硬件设计主要包括系统的硬件配置、安装及接线环节，软件设计主要指系统的控制方案实现。

一、硬件设计

1. I/O 测点清单的获得

根据电厂工艺流程，得到变送器、执行机构的测点的清单，见表 2-3。

表 2-3 电厂测点清单示例

序号	设备编号	说明	I/O 编号	信号类型	信号供电
1	CV2837	除氧器液位调节阀位置反馈	CV2837-5	4～20mA	系统供电
2	CV2837	除氧器液位调节阀调节指令	CV2837-1	4～20mA	
3	LT2807	除氧器水箱水位 1	LT2807	4～20mA	系统供电
4	LT2808	除氧器水箱水位 2	LT2808	4～20mA	系统供电
5	LT2809	除氧器水箱水位 3	LT2809	4～20mA	系统供电
6	FT2905A	给水流量	FT2905A	4～20mA	系统供电
7	FT2804	凝结水流量	LT3004	4～20mA	系统供电
...	...	...	...	...	...
6939	TE3719	发电机定子下层绕组出水温度 08	TE3719-8	TE	
6940	TE3719	发电机定子下层绕组出水温度 09	TE3719-9	TE	

2. 过程控制站的配置

根据站的容量和测点之间的关系，将 I/O 测点分配到不同的过程控制站中。

3. I/O 模块的配置

选择模块的型号，计算出每种型号的 I/O 模块数量，确定每一个 I/O 模块上连接的信号。

4. DCS 的 I/O 清单

最终得到 DCS 的 I/O 清单及系统硬件配置，见表 2-4。

表 2-4 DCS I/O 测点清单示例

序号	I/O 编号	说　　明	DCS 序号	机柜号	卡件号	通道号
1	CV2837	除氧器液位调节阀位置反馈	ZT150504	FC1015	A11505	04
2	CV2837	除氧器液位调节阀调节指令	AO150604	FC1015	A11506	04
3	LT2807	除氧器水箱水位 1	LT152703	FC1015	A11527	03
4	LT2808	除氧器水箱水位 2	LT152803	FC1015	A11528	03
5	LT2809	除氧器水箱水位 3	LT153103	FC1015	A11531	03
6	FT2905A	给水流量	FT010508	FC1001	A10105	08
7	FT2804	凝结水流量	FT152302	FC1015	A11523	02
...	...	...	...	...	...	...
6939	TE3719-8	发电机定子下层绕组出水温度 08	TE253602	FC1025	A12536	02
6940	TE3719-9	发电机定子下层绕组出水温度 09	TE253603	FC1025	A12536	03

二、软件设计及 LN2000 系统组态

DCS 的软件设计主要包括三个方面的设计，一是数据库的设计，可以理解为将表 2-4 中

的数据录入到数据库软件中，对应数据库组态；二是控制系统的设计，将控制思想和控制逻辑使用软件实现出来，对应控制逻辑组态；三是人机界面的设计，提供一些画面供监控人员使用，对应人机界面组态。

DCS 是通过组态工具软件对系统进行组态来完成以上功能的，组态软件承担着系统设计、现场调试、系统维护等一系列功能。为了适应多样和复杂的过程控制的需求，组态软件要具备操作灵活、简单易用等特点。尤其是友好的界面，能使工程师进一步发挥智慧，把系统设计得更加合理和先进。

这里以 LN2000 软件系统来作说明。组态工具软件是在工程师站上运行的，工程师站的操作系统采用了 Windows 2000。工具软件主要有三个，系统数据库组态软件（DATA-BASE）、SAMA 图组态软件（SAMA）和监控画面组态软件（GRAPHIC）。这些工具软件把系统所需的组态、调试、维护、监控等功能融合在整个结构中，具有容易掌握使用、操作简洁化等特点。

LN2000 系统主要组态步骤为：

（1）使用 DATABASE 进行系统数据库组态。

（2）使用 SAMA 进行控制策略组态。

（3）使用 GRAPHIC 进行监控画面组态。

1. 系统数据库组态（DATABASE）

LN2000 系统数据库组态软件完成对 LN2000 系统中站的配置、模块配置和所有数据点的配置，以及相关的修改、查询功能，还具有在线查询数据点的当前值和状态值的功能。

LN2000 系统数据库组态软件界面如图 2-17 所示，分为左右两个切分的视图。左侧的树

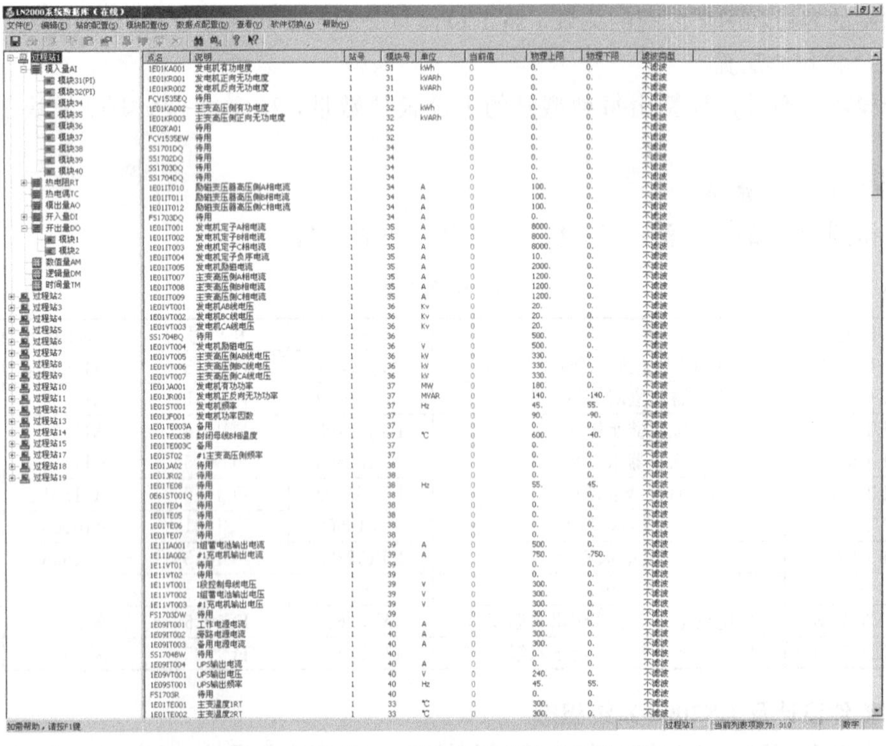

图 2-17 LN2000 系统数据库组态软件界面

形视图显示了过程站的配置信息，以及各过程站中模块的配置信息；右侧的列表形视图显示了左侧的树形视图中当前选中位置的所有数据点信息，或者是当前查询结果的所有数据点信息。

2. SAMA 图组态

完成一个过程控制系统的设计，主要有两个过程，即控制方案的设计过程和控制方案的实现过程。

（1）控制方案的设计过程。首先要有一个控制方案的设计过程，将设计人员的控制思想、控制策略及控制方案表达出来。即针对所需要控制的对象，应该使用单回路控制、串级控制还是导前微分控制策略，在系统中哪些信号需要补偿，哪些信号需要冗余，这些内容都是控制方案设计过程中需要考虑的问题。

之后根据系统的工艺流程，建立系统的总体原理及结构图，能清晰地显示出控制系统的各个环节和组成部分，如图 2-18 所示为除氧器水位控制系统的结构图。控制方案的设计过程中，目前通用的表达方法是使用 SAMA 图。SAMA 图是有关工程技术人员进行技术交流

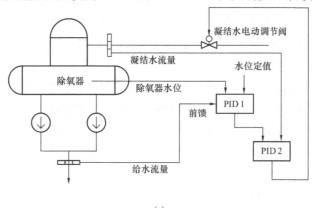

(a)

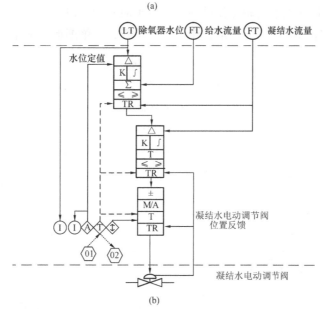

(b)

图 2-18　除氧器水位控制系统结构

（a）结构图；（b）SAMA 原理图

的一种公认的图符，或者说是一种工程语言，是美国科学仪器制造协会（Scientific Apparatus Maker's Association）所采用的绘制图例规范。它使用各种约定的图符如加、减、乘、除、微分、积分、或门、与门、切换等，能清楚地表示系统功能，将控制系统要进行何种运算处理，受何种控制、何种制约等表达出来，易于理解，广为自动控制系统所应用，国际上很多大公司均采用这种画法。

（2）控制方案的实现过程。在方案设计完成之后，要有一个控制方案的实现过程，使所设计的方案能够在生产过程中得以实现和应用。即使用哪些设备完成控制方案，方案中的每一个环节需要如何处理等，要针对实际使用的软硬件平台来完成。早期的实现平台有电动单元组合式仪表，目前火电厂的控制系统实现平台一般使用 DCS 和 PLC。

控制系统的方案可以用 SAMA 图表示出来，但 SAMA 图只是一种功能图，不是仪表接线图，因此不同仪表实现 SAMA 图时要根据仪表本身的特点作出接线图，称为组态图。目前组态图往往由 DCS 供应商提供。

LN2000 系统中，过程控制站控制策略，包括连续控制和顺序控制功能，都是由 SAMA 图组态来实现的。SAMA 图组态，就是将系统内部定义的控制算法块，依据用户要求实现的功能，以一定的逻辑过程组合起来，形成完整的 SAMA 图。SAMA 图组态完毕后，要经过编译并下装到过程控制站 LN-PU 中，才能调用执行。

SAMA 图组态软件实现了控制算法块的图形化，把所有有关的输入、输出特性非常清晰地表达出来，为用户提供了方便的 SAMA 图的编辑生成和编译运行的人机界面。在该软件的支持下，控制策略的编制被转化为对算法块的组织、绘制过程，用户只需从算法块库中选定算法块，再按规定的数据加工流程将这些算法块用信号连接线连接起来即可。SAMA 软件界面如图 2-19 所示。

3. 监控画面组态（GRAPHIC）

监控画面组态软件用来绘制操作员站的监控画面。为用户提供了各种基本绘图工具，如直线、矩形、圆角矩形、椭圆、扇形、多边形、折线、三维图形、文字、位图。还提供动态

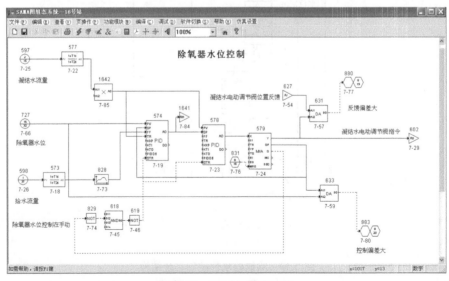

图 2-19　SAMA 软件界面

数据点连接工具，如模拟量点、开关量点、棒图、指针、实时曲线、XY曲线、报警。可以通过鼠标简便地绘制操作员监控画面。各基本图元都有动态属性连接，可以根据连接的动态数据点改变颜色、闪烁、隐藏、移动。该软件提供的按钮和热点工具实现了人和计算机之间的便捷交流，按钮和热点的功能可以定义为切换画面、弹出窗口、下发操作命令等。该软件还提供了丰富的编辑功能，使工作效率大大提高。监控画面组态软件界面如图2-20所示。

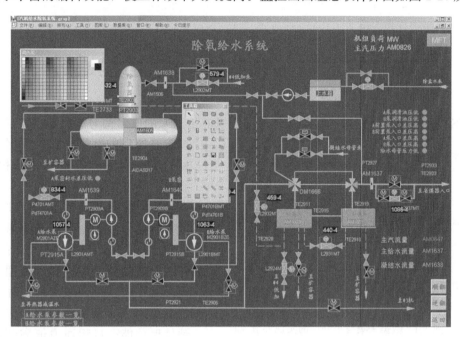

图2-20　监控画面组态软件界面

数据的采集与预处理——过程通道

DCS 中的数据采集是指过程通道将现场变送器传送来的电量信号进行转换，形成计算机能够处理的数据形式；数据预处理是指对采集到的数据进行量程检查、滤波、限幅等处理。

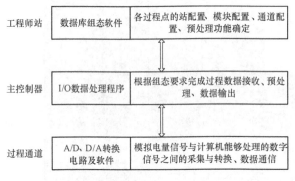

工程师站	数据库组态软件	各过程点的站配置、模块配置、通道配置、预处理功能确定
主控制器	I/O 数据处理程序	根据组态要求完成过程数据接收、预处理、数据输出
过程通道	A/D、D/A 转换电路及软件	模拟电量信号与计算机能够处理的数字信号之间的采集与转换、数据通信

图 3-1　数据采集与预处理的实现环节

现场数据的采集与预处理功能由工程师站、主控制器、过程通道共同实现，如图 3-1 所示。工程师站完成对各过程点的硬件配置和预处理功能的组态工作；主控制器接收工程师站的组态要求，依靠软件完成相应的数据预处理功能；过程通道依靠硬件完成信号的采集和转换功能。

第一节　模拟量信号的采集和转换

在实际应用中，来自传感器的模拟电量信号若不是标准的规范信号，一般先要经过变送器转换为标准的电量信号（如 4～20mA 或 0～10mA 等），才能接入到 DCS 的模拟量输入通道上。在输入通道上一般都有硬件滤波电路。电量信号经过硬件滤波后接到 A/D 转换器上，进行模拟量到数字量的转换。经 A/D 转换出来的信号是二进制数字量，之后再由软件对 A/D 转换后的数据进行滤波、工程量程转换、限幅等预处理，转换为信号的工程量值。模拟量信号的采集和转换环节如图 3-2 所示。

图 3-2　模拟量信号的采集和转换环节

一、采样周期 T_s 的选择

由于计算机所能处理的只能是数字信号，所以必须将输入的模拟电量信号转换为数字信号，即所谓的模拟信号数字化。输出时再将数字信号转换为模拟电量信号，以驱动电动执行机构。计算机控制系统信号流程如图 3-3 所示。

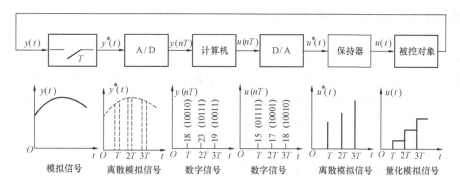

图 3-3　计算机控制系统信号流程

DCS 中对现场信号的采集（采样）是按一定时间间隔进行的，两次采样之间的时间间隔称为采样周期。在每个采样时刻，I/O 通道对该时刻接入的电量信号进行处理，将其转换为数字信号，因而连续变化的模拟信号改变为离散断续的。生产过程中的模拟量如温度、压力、液位和流量是连续变化的，从信号的复现性角度考虑，采样周期不宜过长，或者说采样频率 W_s 不能过低，如图 3-4 所示。根据香农采样定理，采样频率 W_s 必须大于或等于原信号（被测信号）所含的最高频率 W_{max} 的两倍，即

$$W_s \geqslant 2W_{max}$$

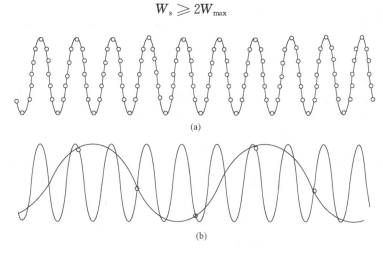

图 3-4　采样定理的解释示意图

（a）足够的采样率下的采样结果；（b）过低采样率下的采样结果

从控制角度考虑，采样周期 T_s 越短越好，但是这会受到 DCS 整个 I/O 采集系统各个部分的速度、容量和调度周期的限制。尤其是在早期的 DCS 中，由于 CPU 等半导体器件的速度还相对较低，A/D 转换器器件价格高昂而不得不使用一个 A/D 转换器来实现许多个通道信号的采集。因此，采样周期对 DCS 的负荷存在较大的影响。随着半导体技术的进步，CPU、A/D 转换器、D/A 转换器等器件速度及软件效率的提高使 I/O 采样周期对系统负荷的影响已减小很多，在绝大多数情况下，软硬件本身已不再是信号采样的瓶颈。一般来说，对采样周期的确定只需考虑现场信号的实际需要即可。

电厂中的被控对象一般都可以看成是一个低通滤波器，对高频的干扰都可以起到很好的抑制作用。对象的惯性越大，滤除高频干扰的能力则越强。因此，原则上说，反应快的对象

采样周期应选得小些，而反应慢的对象采样周期可以选得大一些。

在 LN2000 系统中，对信号采集及控制运算，分别引入基准时间、控制周期和采样时间 3 个参数。站的基准时间是指该现场控制站的基本运算周期，也是周期时间的最小值；采样时间是指采样周期，取正整数，即站基准时间的整数倍；控制周期指该控制站中运算程序的执行周期，也取站基准时间的整数倍；如图 3-5 所示的基准时间为 100ms，采样时间为基准时间的 2 倍，即 200ms，控制周期为基准时间的 5 倍，即 500ms。采样周期可以取得很小（如 100ms），以满足少数快速反应的控制对象的要求。

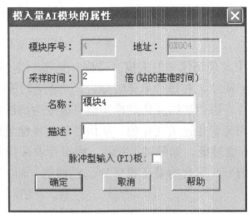

图 3-5　扫描周期和控制周期

二、模数转换（A/D）的转换原理

将模拟电量信号转换成数字计算机信号称为模数转换，其技术种类繁多。基于成本和性能的综合考虑，DCS 生产厂家的选择一般不超出三种技术，即逐次逼近型（Successive Approximation）、积分型或其变种，以及过采样型（$\Sigma-\Delta$）。

1. 逐次逼近型转换

逐次逼近型转换方式在当今的模数转换领域有着广泛的应用，它是按照二分搜索法的原理，类似于天平称物的一种模数转换方法。将需要进行转换的模拟电压信号与已知的不同数字量对应的参考电压进行多次比较，使转换后的数字量在对应电压值上逐渐逼近输入模拟电量。

逐次逼近型 A/D 转换器的原理如图 3-6 所示，其波形图如 3-7 所示。

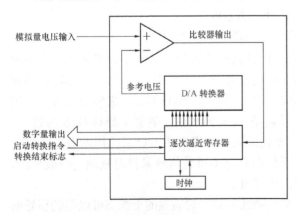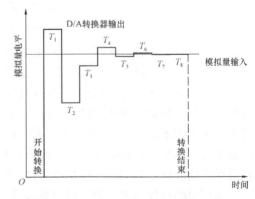

图 3-6　逐次逼近型 A/D 转换器的原理　　　图 3-7　逐次逼近型 A/D 转换器的波形图

逐次逼近型转换方式的特点是转换速度较高，电路实现上较其他转换方式成本低，转换时间确定，精度不很高。

2. 积分型转换

积分型模数转换技术有单积分和双积分两种转换方式，在低速、高精度测量领域有着广泛的应用，特别是在数字仪表领域。

3. 过采样$\Sigma - \Delta$模数转换

过采样$\Sigma - \Delta$模数转换是近十几年来发展起来的一种模数转换方式，有着很高的精度，目前在音频领域里得到广泛的应用。

三、A/D 转换的精度和速度问题

模拟量在送入计算机之前，必须经过 A/D 模数转换器转换成二进制的数字信号，这就涉及 A/D 转换器的转换速度和精度问题。

显然 A/D 的转换速度不能低于采样频率 W_s，采样频率越高，则要求 A/D 的转换速度越快。A/D 转换器的转换精度则与 A/D 转换的位数有关，位数越高，则转换的精度也越高，一般使用 A/D 的位数来表示，也可以使用量化单位 q 表示，即

$$q = \frac{m}{2^n}$$

式中　m——A/D 输入模拟量的量程范围；

　　　n——A/D 的位数。

四、模拟量输入设备（AI）

模拟量输入设备的基本功能是：对一路或多路输入的各种模拟电信号进行采样、滤波、放大、隔离、输入开路检测、误差补偿及必要的修正（如热电偶冷端补偿、电路性能漂移校正等）、模拟量/数字量转换，以此提供准确可靠的数字量。一些智能 AI 还具有工程单位转化、死区处理等功能。

1. 模拟量输入信号的种类

通常工业过程的模拟电量信号有以下几种：

（1）电流信号。来自于各种温度、压力、位移等变送器，一般采用电流范围为 4～20mA 的标准电流，也有采用 0～10mA（针对老式的 DDZ-II 型变送器）或 0～20mA 等电流范围。

（2）常规直流电压信号。来自于可输出直流电压的过程设备。电压范围一般为 DC 0～5V，DC 0～10V，或 DC −10～+10V。

（3）毫伏级电压信号。来自于热电偶、热电阻或应变式传感器。

针对这些电量信号类型，相应用于工业过程的基本 AI 设备主要有三类：变送器信号输入设备、热电偶（TC）信号输入设备和热电阻（RTD）信号输入设备（如图 3-8 所示）。RTD 和 TC 输入信号电平较低，统称为低电平（或小信号）AI 设备。标准变送器的电平值，包括4～20mA/0～5V/0～10V 等，对应的 AI 设备统称为高电平 AI 设备。

在 AI 设备的设计上，各厂家的思路并非一致。有的厂家是有针对性地设计各种 AI 模件，其 AI 模件按信号（电流、毫伏电压、常规直流电压）分类，每类又按信号量程分不同规格进行设计，视应用需要选配；有的厂家则设计了适用于各种模拟电信号和不同量程的通用 AI 模件。

LN2000 系统中 AI 设备类型按这三类规划，每类又可通过软件配置不同的信号量程：

(1) 模拟量输入（AI）。接收 4～20mA、1～5V、0～10mA、0～5V、0～10V 信号。

(2) 热电阻（RT）。接收 Pt50、Pt100、Cu50、Cu100，以及其他电阻信号。

(3) 热电偶（TC）。接收 B、J、K、R、S、T、E、N 型热电偶，以及 ±25mV、±55mV、±100mV 范围内低电平信号。

图 3-8　基本 AI 设备的类型

2. 模拟量输入设备的组成

模拟量输入均可使用相同的方法进行数字化转换（A/D 转换），但由于输入信号的类型、幅值不同，必须将它们首先预处理成为统一的类型和幅值，这就是所谓的"信号调理"。早期分散控制系统中信号调理一般都通过独立的信号调理板实现，经过信号调理板处理后的信号再送入模拟量输入模件中，经过 A/D 转换成为数字信号。AI 设备的信号处理流程如图 3-9 所示。

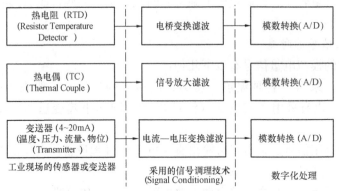

图 3-9　AI 设备的信号处理流程

目前 DCS 的模拟量输入模件中，设计了程序控制增益的线性放大器，因此可将部分信号调理的工作放在模拟量输入模件中完成。AI 通道上的硬件一般由信号端子板、信号调理器、A/D 转换器等部件组成，如图 3-10 所示。厂家在结构设计上有的将这些组成部分统一在一块模件上，有的则分为 2～3 块模件加以实现。但无论怎样组成 AI 通道上的模件，其基本组成部分和基本功能大同小异。

随生产厂家和用途不同，每个 AI 模件可接收 4～64 路模拟信号不等。

AI 通道各组成部分及其作用如下：

图 3-10　AI 设备的硬件组成

（1）信号端子板。其主要作用是用来连接传送现场模拟信号的电缆。对每一路模拟信号，端子板一般提供正、负两极接线端子，有些还有独立的屏蔽层接地端子。端子板上一般还设有用于冷端补偿热敏电阻、系统电源的短路电流保护电路，有的厂家的端子板上还设有电流/电压转换电路，把输入的毫安电流信号转换成统一的标准电压信号。

（2）信号调理器。对每路模拟输入信号进行滤波、放大、隔离、开路检测等综合处理，为 A/D 转换提供可靠、统一的与模拟输入相对应的电压信号。为使 AI 模件具有良好的抗干扰能力，适应较强的环境噪声，每个信号通道上都串接了多级有源和（或）无源滤波电路，且采用差动、隔离放大器，使现场信号源与分散控制系统内的各路信号有良好的绝缘（一般耐压在 500V 以上）。信号调理器中的开路检测电路可用来识别信号是否接入，检查热电偶等传感器是否故障等。

（3）A/D 转换器。用来接收信号调理器送来的各路模拟信号和某些参考输入（如冷端参考输入等）。它可以由多路切换开关按照 CPU 的指令选择某一路信号输入，并将该路模拟输入信号转换成数字量信号送给 CPU。A/D 转换器的分辨率在不断提高，有 8、10、12、16 位或更高。目前的 DCS 中，多数采用的是 12 位分辨率的 A/D 转换器，其精度偏差为 0.05% 左右，转换时间一般为 $100\mu s$ 左右。为进一步提高系统的抗干扰能力，A/D 转换器与输入信号之间通常采用隔离放大器或光电耦合器进行电气上的隔离。

3. 模拟量输入设备的主要技术指标

（1）分辨率。用 A/D 转换器的位数表示，如分辨率为 12 位。高分辨率是设备高精度的基础，但分辨率高，精度不一定高，精度是一个综合因素。

（2）精度。是系统误差和随机误差的综合，表示测量结果与真值的一致性，或称为精确度，以相对误差、绝对误差、引用误差表示。引用误差为满量程内的最大绝对误差除以满量程。引用误差等级有 0.1%、0.2% 和 0.5%，分别简称为 0.1、0.2 和 0.5 级。

（3）稳定度。稳定度指设备在噪声影响下或经过长时间使用后，时间漂移情况下精度的变化程度。稳定度分为长时间稳定度和短时间稳定度。

（4）温度漂移。指环境温度每上升 1℃，设备的引用误差可能的最大变化量。

五、模拟量输出（AO）设备的基本原理

AO 设备用于将计算机内的数字量转换为模拟电量输出，驱动执行器动作。将数字量转换为模拟量的电路称为 D/A 转换电路，D/A 转换技术中最常见的是电阻解码网络。图 3-11 所示为用于 4 位 D/A 转换的电阻解码网络。

对于图 3-11 所示的电路，电路的最终输出为

$$U = -(D_3 2^{-1} + D_2 2^{-2} + D_1 2^{-3} + D_0 2^{-4}) I_{REF} R_f$$

$$= -(\frac{1}{4} + \frac{1}{8}) I_{REF} R_f = -\frac{3}{8} I_{REF} R_f$$

若为 n 位 D/A 转换的电阻解码网络，则电路的最终输出为

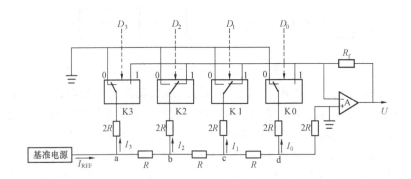

图 3-11　用于 4 位 D/A 转换的电阻解码网络

$$U = -\left[D_{n-1}2^{-1} + D_{n-2}2^{-2} + \cdots + D_1 2^{-(n-1)} + D_0 2^{-n}\right]I_{REF}R_f$$

电压输出经 V/I 变化后可以得到 4～20mA 电流输出，通过信号电缆传送至执行机构，驱动执行机构动作。

六、模拟量输出（AO）设备的应用设计

AO 设备的带负载能力是一个重要指标，指在确保最大输出 20mA 的条件下，AO 设备的最大电阻负载。对于以 24V 直流为驱动电源的 AO 设备，其理论最大负载为 24/0.02＝1200（Ω）。在实际应用中，一般的负载电阻为 250Ω，AO 设备所驱动的负载不能高于 AO 设备的带负载能力。执行机构的控制信号一般都是由电感线圈接收的，以实现执行机构的主体电路和 AO 是电气隔离的。另外关键控制回路还应考虑冗余 AO 方式。

第二节　开关量信号输入输出设备

一、开关量输入（DI）信号采集及预处理

开关量输入信号是表示设备状态的信号，开关量信号一般都是两位式的，一个开关量信号只有"开"和"关"两个状态，正好和计算机中一位二进制数的两个状态相对应，因此一个开关量信号可以用一位二进制来表示。

开关量输入信号的现场触点主要有机械开关、电子开关和电平触点 3 种，其中电平触点有 24V 直流、48V 直流、220V 交流和 220V 直流等多种形式。

1. DI 设备的组成环节

DI 设备的硬件一般由输入转换电路、隔离电路、接口电路组成，如图 3-12 所示。输入

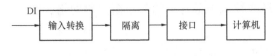

图 3-12　DI 设备的组成环节

转换电路用来将输入电量信号转换成计算机系统所要求的逻辑电平信号，隔离电路用来实现电气隔离以防止干扰。隔离电路有光电隔离和继电器隔离两种形式，如图 3-13 所示。接口电路主要为缓冲器或锁存器，以匹配计算机的运算周期。

开关量的输入一般是按模板接入的开关量通道数来成组采集的。如一个开关量采集板配备 16 个通道，则每次采集到的是 16 个开关量的状态。

2. 开关量设备的连接方式

开关量设备的连接分为触点共地型和触点共源型。

（1）触点共地型。也称为源电流型（Sourcing），电流从 DI 设备的光耦流入开关，经开关流入地，如图 3-14 所示。

（2）触点共源型。沉电流型（Sinking）DI，电流从开关流入 DI 设备的光耦，经光耦流入地，如图 3-15 所示。

3. DI 输入的消抖设计

DCS 一般在开关量的板级电路上设计硬件消抖电路，以排除信号的干扰抖动。抖动是指开关闭合或断开的瞬间，可能导致 DI 设备的状态快速跳变，见图 3-16。

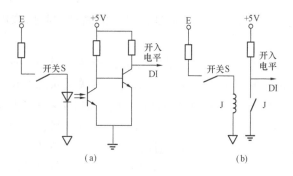

图 3-13　输入转换与隔离

(a) 光电隔离；(b) 继电器隔离

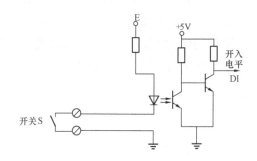

图 3-14　触点共地型连接方式

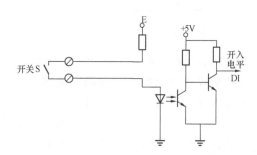

图 3-15　触点共源型连接方式

此外，有的 DCS 系统还能从软件上抑制因物理设备摆动（如接触不良）导致的开关量状态频繁变化的情况，这种抑制信号抖动的策略可以由用户组态来定义。定义策略如下：当某个开关量的状态在 M 秒（或分钟）内跳变次数大于 N 次时，则认为该开关量处于抖动状态；当处于抖动的开关量状态稳定 L 秒（或分钟）不再变化时，即解除该开关量的抖动状态。图 3-17 所示为 RC 消抖电路。

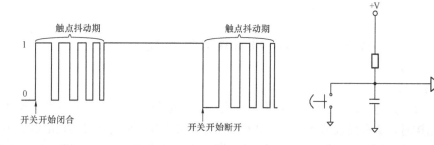

图 3-16　信号抖动

图 3-17　RC 消抖电路

4. SOE 输入设备

开关量输入信号的采集，一般可按照应用特点分为快速采集信号和一般采集信号两种采集方式。一般信号的采集周期，只要能满足控制运算周期要求或监视要求即可，如可以设置成30、100、250ms等。

快速采集的开关量的要求比较高，因为快速采集开关量一般用于记录事件顺序（Sequence Of Event，SOE），以分辨开关量状态变化发生的先后顺序。

SOE 输入模块是一种带时间戳的 DI 采集模块。为了能够识别事件顺序，SOE 模块具备时钟功能，由板级软件打上时间戳，连同状态同时发送到控制器。在一个主处理器的处理周期内，一个 SOE 通道能保存本地数十次 SOE 事件。

时钟源为 GPS 时钟或 DCS 时钟，SOE 分辨率一般为 1ms，相对时间误差控制站内不大于 1ms，控制站间不大于 2ms。

对于 SOE 输入模块的应用设计中应该注意以下方面：

（1）SOE 输入模块尽量集中在一个站内。

（2）通信量要留有余地，事件集中爆发时能满足要求。

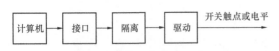

图 3-18　DO 设备的组成环节

二、开关量输出设备（DO）

DO 设备由三部分组成，接口电路、隔离电路和驱动电路（如图 3-18 所示）。接口电路采用缓冲器或锁存器，隔离电路一般使用光电耦合器或继电器。驱动电路则要求输出信号具有驱动一定负载的能力。

输出驱动电路结构也分为源电流输出型和沉电流输出型，如图 3-19 所示。

输出开关类型有机械继电器和固态继电器两种，机械继电器型的开关寿命一般为 10 万次左右，而固态电子开关则不存在动作次数寿命问题。

在 DO 的应用设计中应注意以下方面：

（1）频繁动作的 DO 应选用电子开关类 DO。

（2）有漏电流限制的场合，优先选用机械继电器。

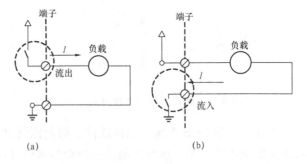

图 3-19　DO 设备输出类型
（a）源电流输出型（由开关流出电流供给负载）；
（b）沉电流输出型（由负载输出经开关入地）

第三节　LN2000 系统过程通道

一、过程通道形式

目前各厂家 DCS 的过程通道模件可以归为两大类，一类是插板式结构，另一类是模块式结构。使用插板结构时，所有插板都插在一个机架中，背板采用并行总线方式实现电源、主控制单元、IO 的数据连接和电源连接，通过总线背板将这些硬件设备连接在一起，结构整齐，而且模板的更换十分方便简单。另外，插板结构的安装密度较高，可以容纳较多的 I/O 点。其缺点是配置不够灵活，在 I/O 点的数量较少时也要配置一个完整的机架，如果 I/O 点数刚好比一个机架的容量多一点，则必须增加一个扩展机架。

近年来，由于DCS的技术不断成熟，成本不断下降，所以许多中小规模的控制工程中越来越地采用了DCS。这些系统要求有更灵活的配置，使现场控制站的I/O点数能够适应较大的变化范围。因此，近年来在DCS产品中模块结构逐渐多了起来。特别是在计算机技术取得较快的进步后，原来不够灵活的并行总线逐步被串行总线（现场总线实际上就是一种串行总线）所代替。而串行总线的最大优势就是可以不用大而笨重的总线背板，只依靠一对信号线和一对电源线就可以将各个I/O模件连接在一起，其连接模块的数量可多可少，连接的距离也可以比较长，这些技术上的进步促进了模块结构的发展。模块结构的现场控制站配置很灵活，但安装密度较低。另外，由于各个I/O模块是通过串行总线连接在一起的，所以在维修时，模块的拔下和插上必须保证信号线和电源线一直处于接通状态，以避免影响其他模块的运行。

二、LN2000系统过程通道概述

LN2000系统中的过程通道单元称为LN智能I/O模块，采用51系列单片机作为CPU，底层软件固化于片内，系统稳定性高，看门狗功能保证系统具有自恢复能力。通信方式为CAN通信。CAN通信方式为现场总线技术的一种，最多可有4台上位机运行，CAN总线上最多可挂接60个智能模块，通信协议采用CAN2.0A协议。智能模块按照用户组态指定的时间周期定时与上位机交换数据。

LN智能I/O模块采用了智能化的设计，每块模块上都具有一块16位单片机及相应的存储器。每种类型模块除具有该类型独有功能外，还具有如下共有的功能：

（1）自诊断。每块I/O模块都能够监视自身的运行状态，每一执行周期对该板I/O通道进行检测。若出现故障，能够通告主控制单元进行处理，同时通过板上的报警指示提示现场工作人员。

（2）信号的预处理。智能模块运行的软件能够对信号进行数字滤波、工程量变换、非线性补偿、热偶信号的冷端补偿等处理，这样既减轻了PU的任务负担，又提高了信号的处理速度。

（3）带电插拔。在系统加电运行时，I/O模块及PU能够进行插拔更换，而不会对模块造成损坏或影响模块使用寿命，给现场维护人员替换模块带来方便。

（4）隔离功能。每块I/O模块与现场信号及网络在电气上是隔离的，既保证模块的安全，又维护了系统的安全性。

模块外貌如图3-20所示，详细内容见表3-1。

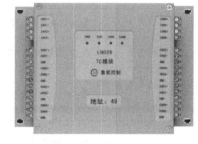

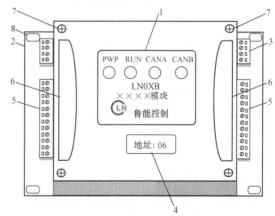

图3-20 模块外貌

1—指示灯面板；2—双路DC 24V接线端子排；3—双CAN接线端子；4—模块地址；5—接线端子排；6—端子接线指示；7—模块面板固定螺栓孔；8—模块固定辅助板及固定螺栓孔

表 3-1 模块指示灯和接线端子

1. 指示灯面板	模块面板有 4 个发光管指示灯：1 个单色红色指示灯，1 个单色绿色指示灯，2 个双色（红、绿）指示灯； 左到右依次为电源（PWR）指示灯、运行（RUN）指示灯、CANA 和 CANB 指示灯； 单色红色为电源（PWR）指示灯；绿色为运行（RUN）指示灯，绿灯闪烁表示模块运行正常； 双色发光管为通信指示灯，分为 CANA 和 CANB 指示，分别指示 CAN 网 A 和 B 的工作状态； 双色灯红色表示正常发送状态，绿色表示接收状态； 每个双色灯红绿闪烁，表示模块处于正常的发送接收状态； 两个双色灯红灯同时闪烁，表示模块处于看门狗复位状态或通信异常状态； 两个双色灯绿灯交替闪烁，表示模块处于类型不匹配状态
2. 双路 DC 24V 接线端子排	双电源 DC24V±10％供电。给模块提供冗余 DC 24V 电源
3. 双 CAN 接线端子	两个独立 CAN 总线接口，冗余发送接收数据
4. 模块地址	标示拨码开关所指示此模块在控制柜内的地址号
5. 接线端子排	按照标签 6 的标示进行接线
6. 端子接线指示	标示接线各端定义
7. 模块面板固定螺栓孔	位于模块面板的四角
8. 模块固定辅助板及固定螺栓孔	位于模块辅助板的四周，椭圆形孔用以将模块与机柜导轨固定

三、模块示例——LN-03B 隔离型热电阻输入模块

1. 模块工作原理

LN-03B 隔离型热电阻输入智能模块有 8 路热电阻输入通道，24 位分辨率 A/D 转换。LN-03B 隔离型热电阻输入模块采用的是高精度的 A/D 转换器，具有内置多路开关，可编程放大器，数字滤波器及精度校准功能，可有效地抑制 50Hz 工频干扰，得到高精度的 A/D 转换结果。

模块在工作时，连接在输入端的热电阻在恒流源激励下，得到的电压信号经输入端低通滤波、A/D 转换后，经光电隔离送入单片机。在单片机的控制下，通过 CAN 通信接口将 A/D 转换结果传送至上位机显示、处理。

模块可接入各种标准热电阻和非标准热电阻，每个通道的热电阻分度号可通过上位软件修改，每个通道有独立的分度号。

LN-03B 隔离型热电阻输入模块原理框图如图 3-21 所示。

2. 主要技术参数

LN-03B 模块的主要技术参数见表 3-2。

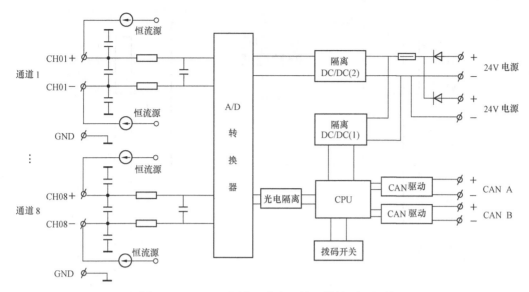

图 3-21 LN-03B 隔离型热电阻输入模块原理框图

表 3-2 LN-03B 模块的主要技术参数

模块型号		LN-03B
	通道数量	8 通道三线制输入
	信号类型	热电阻 Pt50，Pt100，Cu50，Cu100，Ω（非标）
	分度号选择	支持在线修改每个通道分度号
	测量精度	±0.1%
	输入方式	精密恒流源驱动
输入通道	线性化	模块内部自动完成
	断线报警	有
	输入阻抗	>2MΩ
	共模抑制	>130dB
	差模抑制	>70dB
	转换速率	全部通道 1 次/s
通信	接口数量	2 路互为冗余
	通信速率	500kbit/s/1000kbit/s/100kbit/s/20kbit/s
	电源冗余	2 路互为冗余
供电电源	供电电压	DC 24V±10%
	电源隔离电压	DC 1000V
	功率（max）	3W
	模块设有一只速断总保险	
其他	模块地址及波特率由 DIP 拨码开关设置	
	工作温度：−10～60℃	

3. 主要元器件位置图

LN-03B 隔离型智能热电偶输入模块主要元器件位置图及模块接线端子定义如图 3-22 所示。

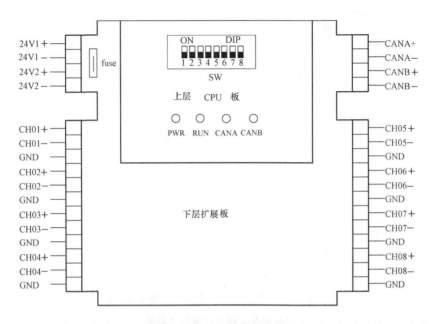

图 3-22　LN-03B 隔离型智能热电偶输入模块主要元器件位置图及模块接线端子定义

FUSE—可更换电源保险；SW—CAN 通信地址及波特率设置开关；PWR—电源指示发光二极管；RUN—运行指示发光二极管；CANA—CANA 通信指示发光二极管；CANB—CANB 通信指示发光二极管；24V1＋、24V2＋—模块供电电源（DC 24V）正端；24V1－、24V2——模块供电电源（DC 24V）负端；CANA＋—CAN A 通信正端；CANA——CAN A 通信负端；CANB＋—CAN B 通信正端；CANB——CAN B 通信负端；CH01＋～CH08＋—热电阻输入正端；CH01－～CH08——热电阻输入负端；GND—输入地

4. 热电阻的接线方法

LN-03B 热电阻输入模块有 8 个输入通道。热电阻输入接线方式系统采用三线制，可有效消除线路电阻影响，同时具有断线报警功能。图 3-23（以 1 通道为例）所示为热电阻三线制接线方式。

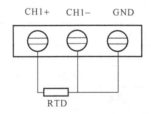

图 3-23　热电阻三线制接线方式

第四节　模拟量数据的预处理

经过 I/O 硬件和模块中与之配套的信号采集软件的采样，得到的是 12 位或 16 位的数字信号，其对应的二进制值为 0～4095 或 0～65 535（当然还可采用各种不同分辨率的 A/D 转换块，得到更高精度的原始数据，但对工业过程的控制来讲，12 位 A/D 转换块已可满足精确度要求）。这些数字信号通过 I/O 模块中的通信程序传递给过程控制站中的主控制单元，

供控制方案运算和监控级设备显示使用。在将这些数据参与控制运算之前，还需要对这些数据进行预处理。

LN2000 系统中，数据预处理的内容在上位工程师站数据库组态软件中配置，配置完成的信息通过通信方式传送到现场控制站中，由主控制单元完成预处理的要求。模拟量信号的预处理内容较多，数字量信号预处理内容较少。在 LN2000 系统中，AI 数据点的组态内容如图 3-24 所示，数据预处理一般包括以下几个具体内容。

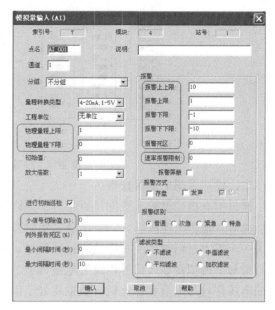

图 3-24　AI 数据点的组态内容

一、I/O 信号数据的读入

根据被测参数的性质和大小，对信号进行分类，各类输入量按照规定的采样周期送入计算机内存。LN2000 系统中，在数据库组态软件中配置 I/O 信号的模块号和通道号，在 LN 智能模块硬件中通过拨码开关位置与数据库中的模块号相对应，从而实现软件和硬件的关联。配置的通道号与端子排的位置相对应。站号、模块号、通道号确定了每一个信号的实际物理连接线位置，如图 3-25 所示。

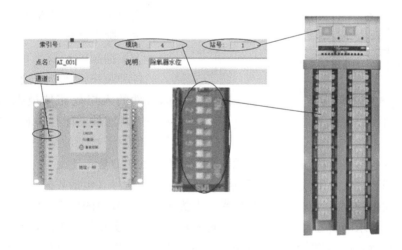

图 3-25　AI 设备的软硬件对应示意图

模块地址和通信速率通过模块内的拨码开关（SW1）设定。拨码开关 SW1 的设置如图 3-26 所示，SW1 的 1～6 位为智能模块通信地址设定开关，7、8 位是通信速率设定开关。1～6 位地址开关中第 6 位为最高位，第 1 位为最低位。模块通信地址的有效地址为 1～63，用户使用时，模块地址必须在这一范围内设定。SW1 的任何一位开关（图中黑色块位置）拨向"ON"位置该位为"0"；拨向"OFF"位置该位为"1"，模块的地址值为 6 位拨码开关所示十六进制数之和。如图 3-26 所示，图（a）右侧表示的数值是各位为"0"时相应的十进制值 0，图（b）拨码开关表示地址为 26，图（c）拨码开关表示地址为 44。

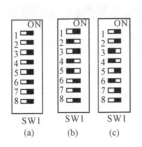
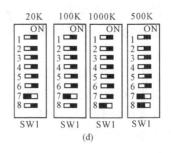

图 3-26　设置拨码开关 SW1

二、模拟量超电量程检查

通过检查模拟量输入数据是否超过了允许的电量程，判断信号输入部件（如变送器、I/O 模块等）是否出现故障。一旦出现采集故障，程序将自动禁止扫描，以防止硬件电路故障的进一步扩大，同时产生硬件故障报警信号，通知操作人员进行维护。

对每个模拟量输入信号均设置电量程上、下限，用于进行有效性检查。采集完后，将输入的电压信号与电量程作比较，数据将处于以下三种质量特性之一：

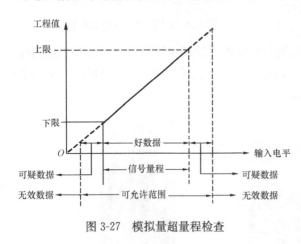

图 3-27　模拟量超量程检查

（1）有效数据。在量程范围内。

（2）可疑数据。超过电量程但在允许范围内（超量程死区）。

（3）无效数据。电量程超过允许范围。

模拟量超量程检查如图 3-27 所示。

三、数字滤波

为了抑制进入 DCS 的信号中可能侵入的各种频率的干扰，通常在模拟量输入部件的入口处布置模拟 RC 滤波器。这种硬件滤波器能有效地抑制高频干扰，但对低频干扰滤波效果不佳。而数字滤波对此类干扰（包括周期性和脉冲性干扰）却是一种有效的方法。

所谓数字滤波，就是用数学方法通过数学运算对输入信号（包括数据）进行处理的一种滤波方法，即通过一定的计算方法，减少噪声干扰在有用信号中的比重，使得送往计算机的信号尽可能是所要求的信号。由于这种方法是靠程序编制来实现的，因此，数字滤波的实质是软件滤波。显然，这种数字滤波的方法不需要增加任何硬件设备，是最廉价的。

数字滤波可以对各种信号，甚至频率很低的信号进行滤波，这就弥补了 RC 模拟式滤波器的不足。而且，由于数字滤波稳定性高，各回路之间不存在阻抗匹配的问题，易于多路复用，所以发展很快，用途极广。

工业生产过程中常用的数字滤波方法有如下几种。

1. 变化率限幅滤波法

在现场采样中，大的随机干扰或由于变送器可靠性欠佳所造成的失真，将会引起输入信号的大幅度跳动，这会导致计算机控制系统的误动作。对于这一类干扰，可采用变化率限幅滤波法处理。具体方法是将两个相邻的采样值进行比较，假如差值过大，超出该变量可能变化的范围，则认为后一次采样值是虚假的，应予舍去，仍用上一次采样值送往计算机。相应的判断程序如下：

$$|y(n) - y(n-1)| \leqslant \Delta y_0 \text{，则将 } y(n) \text{ 送计算机}$$

$$|y(n) - y(n-1)| > \Delta y_0 \text{，则将 } y(n-1) \text{ 送计算机}$$

这种方法关键在于 Δy_0 的选择，而 Δy_0 的选择主要取决于被控变量 y 的变化速度。如果该变量的最大变化速度为 u_y，采样周期为 T_s，则

$$\Delta y_0 = u_y T_s$$

输入信号的变化率超限，同样也可以认为是信号输入部件（如变送器、I/O 模块等）出现故障。

2. 递推平均滤波（又称算术平均滤波）

当测量脉动信号（管道中的流量或压力信号）时，变送器输出信号会出现频繁的振荡，这将会导致控制算式输出的紊乱，执行器动作频繁。这不仅严重影响到控制质量，而且还会使控制阀磨损过度而减少其使用寿命。对于此类信号的滤波通常可采用递推平均的方法，即第 n 次 k 项递推平均值 $\bar{y}(n)$ 取 n，$(n-1)$，$\cdots$，$(n-k+1)$ 次采样值的算术平均值，相应的递推平均算式为

$$\bar{y} = \frac{1}{k} \sum_{i=0}^{k-1} y(n-i)$$

式中　$\bar{y}(n)$ ——第 n 次采样的 k 项递推平均值；

　　$y(n-i)$ ——依次向前推 i 项的采样值；

　　　　k ——递推平均次数。

k 值的选择与采样平均值的平滑程度和反应灵敏度都有直接关系。k 选得过大，虽然平均效果较好，但占用机器时间长，且对变量变化的反应很不灵敏；如 k 选得过小，效果不明显，特别对脉冲性干扰。k 究竟应选多大合适，要视生产实际情况而定，一般按经验来确定 k 的取值。通常流量取 $k=12$；压力取 $k=4$；液位取 $k=4 \sim 12$；温度如无显著噪声可以不加滤波处理。

3. 加权递推平均滤波

有些场合对递推平均滤波的各项分别乘以不同的系数，即给予各次采样值以不同的重视程度，再取平均值，可以获得更好的效果。这就是加权递推平均滤波，其表达式为

$$\bar{y} = \sum_{i=0}^{k-1} a_i y(n-i)$$

式中　a_i ——加权系数。

$$0 \leqslant a_i \leqslant 1 \quad \sum_{i=0}^{k-1} a_i = 1$$

4. 中位值法滤波

中位值法就是当采集某个变量时连续采集三次以上，选择大小居中的那个值作为有效测量信号，送往计算机。

中位值法对于消除脉冲干扰或机器不稳定造成的跳码现象相当有效，但对于流量这样的快速过程不宜采用。

中位值法能消除干扰的解释是：如果三次采样值中有一次混入了脉冲干扰，那么混入的干扰只有两种可能，即采样值比正常值大或者比正常值小，不可能居中，因此，经滤波后混入的脉冲干扰会被滤掉；如果三次采样中有两次混入了干扰，而它们的极性相反时，根据中位值法定义，干扰可被滤掉。只有当这两次干扰的极性相同时，干扰的影响才得以进入计算机，但出现这种情况的概率是很小的。

四、模拟量近零死区处理

在某种情况下，一个输入信号的值应该是 0，但由于 A/D 转换的误差或仪表的误差导致该值为非 0，是接近 0 点附近的某个值（如流量信号没有流量通过时）。为防止这种扰动进入计算机系统，预先设置一个近 0 死区（或称小信号切除限值）ε，当扰动处于近 0 死区之内（$-\varepsilon, \varepsilon$）时，将变量值强置为 0。

小信号切除限值 ε 可根据实际现场信号情况设置，如图 3-28 所示。

五、模拟信号工程单位变换

工程量的转换方法在不同 DCS 中也有所不同。在传统的 DCS 中，首先将量程范围定为 0～100％的相对工程值，然后参与控制运算，运算结果也是一个相对工程值。而与物理量的量纲对应的实际工程值则由 DCS 的 HMI 部分经二次转换实现。现在多数 DCS 是直接将各种模拟量转换为与其实际物理量的量纲所对应的工程值，在控制器中使用实际物理值进行控制运算，当然运算结果也是实际物理值。两种处理方法各有利弊，使用中的主要差异体现在控制调节的参数整定上。同一个控制对象，使用不同的转换方法，控制调节的参数选择也会有不同。

工程单位变换类型由数据库组态定义。系统一般包括以下几种工程单位变换类型。

1. 线性变换

线性变换按照工程上下限和电量程上下限由系统自动实现。模拟量线性变换如图 3-29 所示。

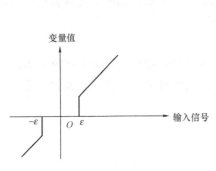

图 3-28　小信号切除示意图

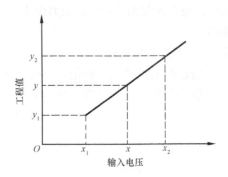

图 3-29　模拟量线性变换

$$y = y_1 + \frac{y_2 - y_1}{x_2 - x_1}(x - x_1)$$

式中　x_1——电信号下限；

　　　x_2——电信号上限；

　　　y_1——工程值下限；

　　　y_2——工程值上限；

x——采样值；

y——转换后的工程值。

2. 开方变换

模拟量开方变换如图 3-30 所示。

$$y = y_1 + (y_2 - y_1)\sqrt{\frac{x - x_1}{x_2 - x_1}} = y_1 + k\sqrt{x - x_1}$$

式中　$k = \dfrac{y_2 - y_1}{\sqrt{x_2 - x_1}}$。

当 $y_1 = 0$ 时，$y = k\sqrt{x - x_1}$。

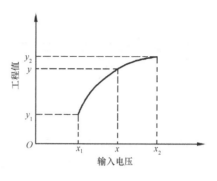

图 3-30　模拟量开方变换

3. 热电偶工程单位变换

热电偶作为一种主要的测温元件，具有结构简单、制造容易、使用方便、测温范围宽及测温精度高等特点。但是，热电偶输出热电势与温度之间的关系为非线性关系。此外，热电偶的输出热电势与冷端和热端温度有关，而在实际应用中冷端的温度是随着环境温度而变化的，故需进行冷端补偿。为了进行冷端补偿，一般都要在热电偶冷端部位安装测量冷端温度的采集点。

具体热电偶温度变换过程如下：

（1）将采集的机器码按量程范围线性化变换成电信号值。

（2）依据冷端点的温度值反查热电偶分度表，获得冷端点温度对应于热电偶的电信号值。

（3）将（2）中的电信号值补偿到采集的热电偶电信号上。

（4）查补偿后的热电偶电信号分度表，得到实际的温度值。

在 LN2000 系统中，这个变换过程是在热电偶输入模块中完成的，每个模块设置一个集成冷端温度补偿器，向过程控制站传送的是实际的温度值。

4. 热电阻工程单位变换

热电阻温度信号工程单位变换过程如下：

（1）将采集的机器码按量程范围线性化变换成电信号值。

（2）根据给定的恒流源电流及采集的电信号值计算出热电阻值。

（3）由电阻值查热电阻分度表分段线性差值求温度值。

在 LN2000 系统中，这个变换过程是在热电阻输入模块中完成的，向过程控制站传送的是实际的温度值。

六、模拟量信号上下限检查与报警

读入数据或经过中间计算处理的数据与某一预定的上下限值进行比较，如果超出规定范围则报警。并不是所有变量都要进行上下限检查与报警的，这要视该变量在生产过程中的重要性来决定。上下限值的范围包括报警上限（AH）、报警下限（AL）、报警上上限（HH）和报警下下限（LL）。上上限和下下限是数据点报警程度加深的上下限。

一般信号的实时值在报警下限（AL）和报警上限（AH）之间波动时，都认为该点处于正常工作状态。信号值如果大于报警上限（AH），就会进入上限报警状态，如果超过了报警上上限（HH），就进入了严重报警状态，这个时候，系统必须通知操作员采取措施，防止事故的发生。同样，发生超下限报警的时候也类似。

为了避免数据点的值在报警值附近波动的时候，系统报警频繁发生，通常会加入一个报警死区（Dead Band，DB）。当一个点进入上限报警状态的时候，报警产生，当这个数据点的数值返回到报警上限值的时候，并不立刻消除报警状态，而是直到它回到 AH－DB 之内时，再解除报警。对于报警下限，当一个点进入下限报警状态的时候，报警产生，当这个数据点的数值返回到报警下限值的时候，并不立刻消除报警状态，而是直到它回到 AL＋DB 之内时，再解除报警。

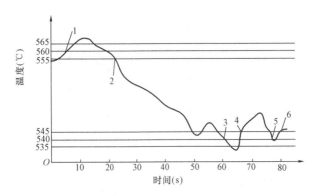

图 3-31　模拟量超限报警动作示意图

假设某温度点报警上限为 560℃，报警下限为 540℃，报警死区为 5℃，则图 3-31 所示的 1、3、5 为报警动作点，2、4、6 为报警解除点。

第五节　LN2000 系统数据库组态软件

一、LN2000 系统数据库结构

DCS 的数据采集是信号进入 DCS 的第一个步骤，其配置、组态和管理工作是由监控级中的工程师站完成的，所使用的软件为系统组态软件。

LN2000 系统组态软件对系统进行网络配置、模块、过程站和所有数据点的组态，还具有在线查询、强制/保持数据点的当前值和状态值的功能，是 DCS 工程设计中软件组态环节的第一步工作。

LN2000 系统数据库组态界面如图 3-32 所示，分为左右两个切分的视图。左侧的树形视图显示了过程站的配置信息，以及各过程站中模块的配置信息。右侧的列表形视图显示了左侧的树形视图中当前选中位置的所有数据点信息，或者当前查询结果的所有数据点信息。

数据库总体上为分级分布式结构，如图 3-33 所示。

数据库的管理，类似于学校里使用的学生管理系统：学生的住宿安排，首先是宿舍楼号，之后是宿舍号，最后是床位号。相应的 DCS 中信号的物理位置，首先是现场控制站号，之后是智能模块号，最后是通道号。而每个学生又有一个唯一的学号，在学籍管理系统、教务系统中使用，相应的 DCS 中每个信号有一个唯一的索引号，在 SAMA 图软件、趋势软件中使用。

二、LN2000 系统数据库组态软件的操作

1. 增加站的操作

根据现场情况，DCS 配置多台现场控制站（过程站），第一次使用，需要手动配置过程站。

选择"站的配置"菜单下"增加过程站"或工具条上相关按钮，或者在左侧树形视图中任意位置单击鼠标右键，选择"增加站"项打开对话框（如图 3-34 所示），选择站的类型并输入站的各项属性。新增加的过程站将显示在左侧树形视图中，工程师站和操作员站并不显示在该视图中。站配置总览对话框见图 3-35，其中项目描述如下：

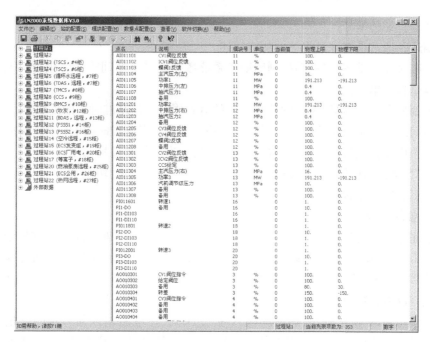

图 3-32　LN2000 系统数据库组态界面

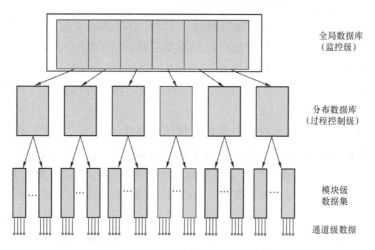

图 3-33　LN2000 系统数据库结构图

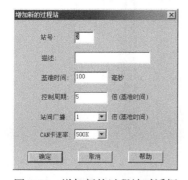

图 3-34　增加新的过程站对话框

图 3-35　站配置总览对话框

（1）站号。站的编号。

（2）描述。通常是对该过程站的功能描述。

（3）基准时间。是 SAMA 图控制周期和系统数据库进行站间广播时进行时间分配的最小单位，以毫秒为单位。

（4）控制周期。是 SAMA 图的控制逻辑的运算周期，是基准时间的整数倍。

（5）站间广播。是系统数据库进行站间广播的周期，以基准时间的倍数形式出现，该站每隔这样一个周期，就将该站的站间数据向外广播一次，供其他站调用。

（6）CAN 网卡速率。即该站所选用的 LN 系列智能模块通信速率，可在 500K、1000K、100K、20K 中选择。

2. 增加模块的操作

在增加完过程站之后，需根据 I/O 清单对各个站的数据点进行配置。首先配置每个站需要多少个 I/O 模块。LN2000 系统中有 9 种数据类型需要配置模块，分别为模拟输入量（AI）、热电偶输入量（TC）、热电阻输入量（RT）、模拟输出量（AO）、开关输入量（DI）、开关输出量（DO）、数值量（AM）、逻辑量（DM）和时间量（TM）。

其中，模拟输入量（AI）、热电偶输入量（TC）、热电阻输入量（RT）、模拟输出量（AO）、开关输入量（DI）、开关输出量（DO）等变量是来自于现场控制柜的相应 LN 智能模块。增加数据点之前要先选择这个点所在的相应模块。

数值量（AM）、逻辑量（DM）和时间量（TM）中存储的变量，是各个过程站 SAMA 图组态中要调用的中间变量。增加数据点时只需要在相应的右侧区域双击直接增加即可。

外部数据是 LN2000 分散控制系统与其他 DCS 产品之间的数据接口，通过这个接口，LN2000 系统可以与其他第三方软件之间交换相关数据。增加外部数据点时只需要在相应的右侧区域双击直接增加即可。

（1）增加模块。在左侧树形视图中选择过程站，展开后选择要增加的模块类型，再选择"模块配置"菜单下"增加模块"或工具条上相关按钮，打开"增加模块"对话框（如图 3-36 所示），输入模块的各项属性即可。新增加的模块将显示在相应的类型下。

（2）模块配置总览。选择"模块配置"菜单下"模块配置总览"项，可以打开模块配置总览对话框（如图 3-37 所示），看到所有模块的详细配置信息，并且可以打印配置信息。

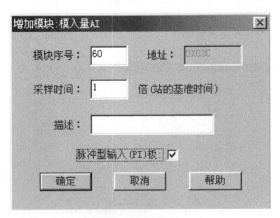

图 3-36　增加模块对话框

图 3-37　模块配置总览对话框

3. 增加数据点的操作

在增加完 I/O 模块后，则可以在每个模块上进行 I/O 清单中每一个数据点的组态工作。在左侧树形视图中选择过程站，展开后选择要增加的数据类型。

对于模拟输入量（AI）、热电偶输入量（TC）、热电阻输入量（RT）、模拟输出量（AO）、开关输入量（DI）和开关输出量（DO），需要进一步展开后选择模块号，然后在右侧列表形视图中的空白处双击鼠标左键打开数据点属性对话框；或单击鼠标右键选择弹出菜单中的"增加数据点"项；也可以通过选择"数据点配置"菜单下"增加数据点"项或工具条上相关按钮，打开数据点属性对话框（如图 3-38 所示），设置各项属性即可。新增加的数据点将显示在右侧列表形视图中。

对于数值量（AM）、逻辑量（DM）和时间量（TM），则无需指定相应的模块号。增加此类数据点时，只要选取相应的数据类型后，在右侧列表形视图中的空白处双击鼠标左键打开数据点属性对话框，直接增加数据点即可，如图 3-39 所示。

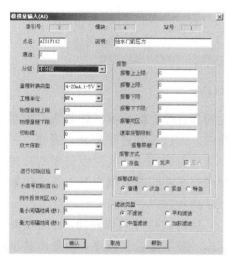

图 3-38　增加数据点对话框

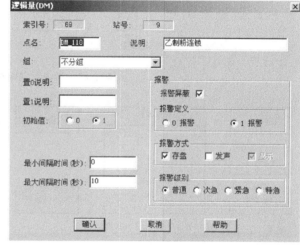

图 3-39　增加外部数据点对话框

通过以上三个环节，可以将 I/O 清单中每一个数据点在数据库中进行组态，并通过站—模块—通道—端子排几个环节，将信号的硬件线与软件组态意义对应起来。同时，每一个数据点在数据库中有一个唯一的索引号（ID），在 DCS 中作为标识使用。至此，基本完成了 DCS 工程设计中数据库组态的工作。

4. 数据库查看

选择"文件"菜单下"在线"项，可以实现在线监视点数据和修改参数。再次选择，取消在线状态。

可以在线刷新数据点的当前值和状态字，以及各项报警参数等，在线时状态字用汉字描述，例如"正常"、"坏值"、"报警"等。

系统处于在线运行状态时，采样点数据用不同的颜色显示状态，红色表示故障或报警；蓝色表示正常；粉色代表数据点强制，如图 3-40 所示。

三、LN2000 系统数据库组态软件的设计

监控级软件运行过程中，大多数程序之间都存在着交换使用数据的情况，如果这些程序

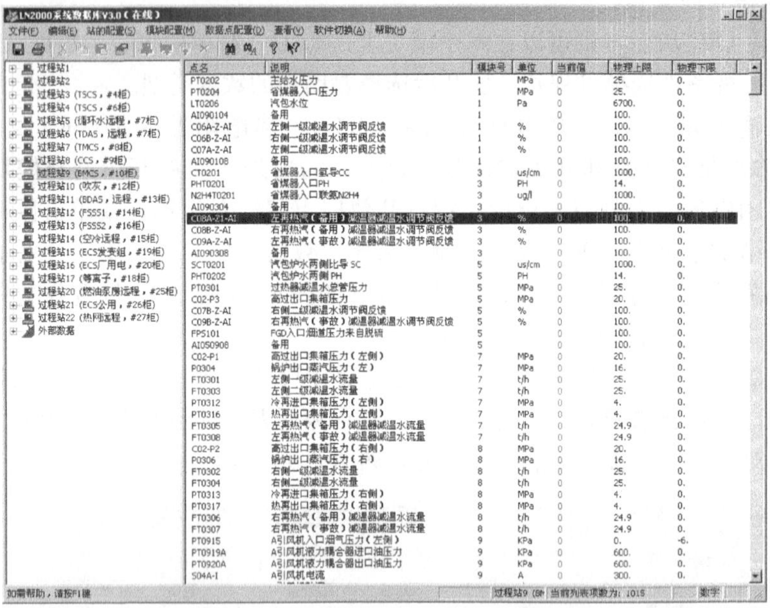

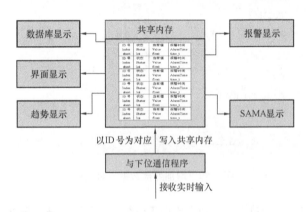

图 3-40　系统数据库在线显示

图 3-41　监控级软件结构示意图

之间都直接交换数据，势必造成数据交换的方式过多和过于复杂。因此，一般 DCS 中都采用中心实时数据库的方式来处理程序之间的数据交换，其结构如图 3-41 所示。

从图 3-41 中可以看到，中心实时数据库一般不是独立程序，而是由共享内存区构成的。共享内存是监控级软件的核心，其他程序都只与共享内存交换数据。这样一方面简化了数据交换方式；另一方面当某个程序出现故障时，中心实时数据库中的相关数据可以"锁定"不变，其他程序可以暂时继续使用。

共享内存区的实时数据库中一般包括下列内容：数据点信息、系统状态信息、中间计算信息。数据点信息是所有过程通道的数据信息，以及一些用于统计或显示的数值变量信息；系统状态信息是指站、卡件（模块）、通道以及网络等硬件设备的工作状态信息；中间计算信息是指控制运算的中间结果。其中数据点信息的数据结构最为复杂，种类也比较多。

数据点类型可能很多，以 LN2000 分散控制系统为例，包括：模拟输入量（AI）、热电偶输入量（TC）、热电阻输入量（RT）、模拟输出量（AO）、开关输入量（DI）、开关输出量（DO）、数值量（AM）、逻辑量（DM）和时间量（TM）九种类型。数据点一般规模非常大（一个 300MW 的机组数据点可能多达 8000 点），为了节约内存空间，数据点的数据结构一般都定义得尽可能精简。以模拟输入量为例，其数据结构见表 3-3。

表 3-3　　　　　　　　　　　　　　　模拟输入量（AI）数据结构

记录项	数据类型	记录项	数据类型
索引号	Int	显示量程上限	Double
站号	Int	显示量程下限	Double
卡件号	Int	例外报告死区	Double
点名	String（8）	最大间隔时间	Int
说明	String（20）	最小间隔时间	Int
单位	String（8）	小信号切除值	Double
组	Int	报警上限	Double
通道号	Int	报警下限	Double
放大倍数	Int	报警上上限	Double
巡检周期	Int	报警下下限	Double
初始巡检	Bool	报警死区	Double
是否被引用	Bool	报警级别	Int
状态字	UINT	报警方式	Int
初始值	Double	报警屏蔽	Bool
前一周期值	Double	速率报警限制	Double
当前值	Double	报警时间	DateTime
物理量程上限	Double	滤波类型	Int
物理量程下限	Double		

对表 3-2 中列出的记录项说明如下：

（1）索引号。在现场控制站中的唯一数据点索引。

（2）站号。所属的现场控制站序号。

（3）卡件号。所属的 AI 卡件序号。

（4）点名。该点对应的信号助记名称，长度最多为 8 个字符，如"T105-5"。

（5）说明。说明信息，长度最多为 20 个字符（一个汉字占 2 个字符），如"主蒸汽流量"。

（6）组。用于实时数据或报警显示的分组显示。

（7）单位。可选无单位、℃、Pa、MPa、m^3、L、kg/m^3、m^3/h、m^3/s、％、kg、mm、kW，也可由用户直接填写。

（8）通道号。可选择 1～16 路。

（9）放大倍数。可选 1、2、10、20、50、100、200、500。

（10）巡检周期。时间基准的倍数，可选 1～10。

（11）初始巡检。可选巡检、不巡检，即系统加载时的巡检方式。

（12）状态字。当前状态，16 位，按位表示见表 3-4。

表 3-4   状态字按位表示的定义

位	定　　义
0	物理量程越限（坏值）
1	速率报警越限（次坏值）
2	报警上限越限
3	报警下限越限
4	报警上上限越限
5	报警下下限越限
6	报警状态
7	离线，保持离线前的最后数值
8	强制，由操作人员强制输入数值（到"当前值"）

（13）初始值。系统加载时的初始物理值。

（14）前一周期值。上一个采样时刻的数值，可用来计算数值变化率。

（15）当前值。当前采样时刻的数值。

（16）物理量程上限。信号上限对应的物理值。

（17）物理量程下限。信号下限对应的物理值。

（18）显示量程上限。显示用最大值。

（19）显示量程下限。显示用最小值。

（20）报警上限。一级报警方式的上限值。

（21）报警下限。一级报警方式的下限值。

（22）报警上上限。一级报警上限值加上报警增量值。

（23）报警下下限。一级报警下限值减去报警增量值。

（24）报警死区。报警的不灵敏区值。

（25）报警级别。可选普通、次急、紧急、特急，值的含义从 0 到 3。

（26）报警方式。可选存盘、显示、发声及它们之间的组合，值的含义：0 为只显示；1 为显示、存盘；2 为显示、发声；3 为显示、存盘、发声。

（27）报警屏蔽。是否禁止报警。

（28）报警时间。报警的日期、时间。

（29）滤波类型。可选不滤波、平均滤波、中值滤波、加权滤波。滤波算法具体是由现场控制级软件来完成的。现场控制级根据选定的滤波类型对信号采取不同的滤波方法。当信号放大倍数大于 100 时，系统自动增加低通滤波。

第四章

数据的运算——主控制单元

第一节 主控制单元的基本组成与功能

一、基本组成

典型的主控制单元（Main Control Unit，MCU）有两种形式，插卡型和单机型。一般情况下，插卡型主控制单元安装于机箱中，通过背板总线与 I/O 卡件通信；单机型主控制单元独立安装于机柜中，通过串行总线等方式与 I/O 模块通信。图 4-1 所示为 LN2000 系统主控制单元的外形。

主控制单元的组成如图 4-2 所示，主要由中央处理单元 CPU、只读存储器 ROM、随机存储器 RAM、系统网络接口、控制网络接口、模件总线、电源电路组成，一些主控制单元具有独立的硬件化的主从冗余控制逻辑电路。

各组成部分功能如下：

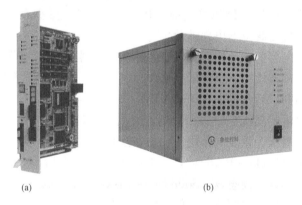

(a)　　　　　　　(b)

图 4-1　LN2000 系统主控制单元的外形
（a）插卡型主控制单元；（b）单机型主控制单元

（1）CPU。控制运算的主芯片，是功能模件的处理指挥中心。关于主控制单元的选择和评价，过去曾经有过只看 CPU 主频的错误倾向，例如，认为以 Pentium 为 CPU 的主控

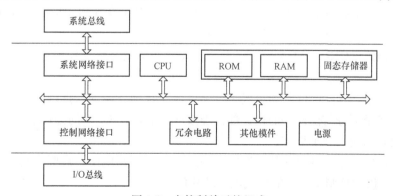

图 4-2　主控制单元的组成

制单元就一定比以 Intel 486 为 CPU 的主控制单元好。事实上，这样来评价和选择主控制单元是非常片面的。一个主控制单元是否性能优良，主要是看它在控制软件的配合下，能否长期安全、可靠地在规定的时间内完成规定的任务。一个效率低下的软件，即使在很高的主频下，也不可能得到很好的性能。另外，工艺也是需要考虑的问题，例如，散热片方式的 CPU 要比风扇式的 CPU 更可靠，Pentium 芯片的散热问题就比 486DX 难以解决，如果安装风扇，风扇的寿命不过 1～2 年，可靠性较低，又带来维护问题。

（2）只读存储器（Read Only Memory，ROM）。主要作为程序存储器，用来存放 I/O 驱动程序、数据采集程序、控制算法程序、时钟控制程序、引导程序、系统组态程序，以及模件、测试和自诊断程序等支持系统运行的固定程序。固化在 ROM 中的程序保证了系统一旦上电，CPU 就能投入正常有序的工作之中。

（3）随机存储器（Random Access Memory，RAM）。主要作为数据存储器，用来存放采集的数据、设定值、中间运算结果、最后运算结果、报警限值、手动操作值、整定参数、控制指令等可在线修改的参数，为程序运行提供存储实时数据和计算中间变量的必要空间。

RAM 是一种易失性存储器，其最大的缺点是电源中断后内部所存储的信息会全部丢失。工程上除了采取电源冗余措施外，希望在掉电时不丢失存储内容的存储器应用于 DCS。比如阀门在 DCS 掉电前的开度，因为这些数据在 DCS 重新上电后可能用作初始值输出，保证现场阀位不出现跳动。

目前，具有后备电池的随机存储器 SRAM 在分散控制系统中的应用最为普遍。为随机存储器增加一组备用电池和相应电路，主电源正常时，后备电池处于浮充状态，一旦主电源中断，后备电池自动进入工作状态，维持对存储器供电，以确保信息不丢失。应用具有后备电池的随机存储器 SRAM，对重要参数和组态方案的保存、事故查询、快速恢复正常运行起着极为重要的作用。一些主控制单元设置有使能开关，用于接通或关断 SRAM 的后备电池（Backup Battery），便于选择 DCS 掉电后 SRAM 是否保存实时数据。

（4）固态盘（Solid State Disk，SSD）或 Flash 存储器。用于保存主控制单元的操作系统、用户控制算法文件等信息。在主控制单元上电启动后将这些文件调入 RAM 运行。

（5）监控网络（SNet）接口。SNet 接口是主控制单元与操作员站、工程师站等过程管理级设备通信的网络接口。过去各家 DCS 厂商的系统网络基本上都是专有的，根本不开放，并且都宣称专用网络可靠。目前这种情况已经有了很大的改变，在 20 世纪 90 年代后期推出的 DCS 中，系统网络大都采用了以太网。事实证明，以太网作为主流的商用网络，只要在软件的应用层上采取合理的保护措施，如应答和重发，其可靠性和安全性是没有问题的。采用以太网最大的优点是开放、易于集成、成本低。

（6）控制网络（CNet）接口。CNet 接口是主控制单元之间及各控制单元与 I/O 设备进行数据交换的网络接口。

（7）模件总线。功能模件上的总线是该模件所有数据、地址、控制等信息的传输通道。它将模件上的各个部分与模件外的相关部件连接在一起，在 CPU 的控制和协调下使模件构成一个具有设定功能的有机整体。

（8）电源电路。主控制单元的电源输入一般为 24V 直流电源，需要将其变换成 5V 直流或 3.3V 直流，供主控制单元上的集成电路芯片使用。

（9）主从冗余控制逻辑。该部分电路用于控制互为备份的两台主控制单元的切换。由于过程控制对安全性和可靠性的特殊要求，几乎所有的 DCS，其标准配置都是双主控制单元冗余运行，这和普通 PLC 单控制单元配置的结构是不同的。该部分电路必须确保任一时刻有且仅有一台主控制单元的控制指令被输出到 I/O 设备。

二、主控制单元的功能

主控制单元的主要功能有以下五类：

（1）从过程通道读取数据信息。依据数据库组态内容，从 I/O 模块中读取 A/D 转换后的现场数据信息，存放于共享内存中，供主控制单元中其他程序使用。

（2）数据处理及运算。对过程信号进行实时的噪声滤除、补偿运算、非线性校正、标度变换等处理，并可按要求进行累积量的计算、上下限报警等功能。在控制站内实现回路的计算及闭环控制、顺序控制等，这些算法一般是一些经典的算法，也可采用非标准算法、复杂算法。

（3）输出运算结果至过程通道。依据数据库组态内容，将运算结果传递至过程通道，在过程通道中进行 D/A 转换，输出驱动现场执行机构的控制信号，实现对生产过程的数字直接控制。

（4）为上层提供显示信息。通过网络传送实时测量值、控制值、报警值等到操作员站、工程师站、其他现场 I/O 控制站及其他网络节点，以实现全系统范围内的信息共享。

（5）接受上层指令。接受上层设备传送的控制指令、手动操作指令和参数调整指令，根据过程控制的要求进行控制运算、对现场设备进行人工控制，以及对本站进行参数设定。

三、LN2000 系统主控制单元

LN2000 系统中主控制单元为 LN-PU，是能接收工程师站下装的组态信息，采集 I/O 模块数据，执行控制策略，通过 I/O 模块控制生产过程的计算机。

1. 硬件结构

LN-PU 是过程控制柜内的最重要的部件，由下列部分组成：系统母板、CPU 主板、双 CAN 接口卡、电源、外壳及指示灯等。其中 CPU 主板配置为嵌入式低功耗 CPU、64MRAM、32M 电子盘（ROM）、双 100M 以太网接口，双 CAN 接口卡。CAN 的通信速率最高为 1Mbit/s。电源供电为 AC 220V、0.5A，其外观如图 4-1（b）所示。

2. 主要功能

LN-PU 采用了实时多任务操作系统，应用软件为自主开发的嵌入式控制专用软件，完成主要任务如下：

（1）接收并执行工程师站编译下装的控制策略。

（2）接收 I/O 模块采集的数据。

（3）向 I/O 模块发送指令数据。

（4）接收操作员站的操作指令。

（5）向上位站发送实时数据。

（6）实现自动冗余备份。

应用软件及下装的控制策略保存在电子盘中，在失电的状态下不会丢失组态数据。过程控制站是冗余配置的，通过其内置的两个互为冗余的以太网接口实现实时数据通信和站间的冗余。处于备用状态的 LN-PU 能够自动跟踪运行的 LN-PU，一旦主控状态的 LN-PU 出现故障，备用 LN-PU 将立即承担过程控制任务，实现 LN-PU 间的无扰切换。LN-PU 上的两个 CAN 网络控制器，采用主从方式与 I/O 智能模块通信，具有完整的冗余能力，完成对 I/O 模块的管理。

<h1 style="text-align:center">第二节 主控制单元的软件</h1>

由于采用的硬件不同，现场控制站中的软件表现形式有很大差别。早期 DCS 的现场控制站采用 CPU 卡甚至简单的单片机的形式，这种情况一般不用操作系统，软件系统一般分为执行代码部分和系统数据部分。执行代码部分一般固化在 E-PROM 中，而系统数据部分保存在 RAM 存储器中，在系统复位或开机时，这些数据的初始值从网络上装入。现在有很多 DCS 的现场控制站已经采用了高性能 IPC，为了实现强大的功能，一般都有实时多任务操作系统支持，执行代码和系统数据都放在硬存储器中（如硬盘、电子盘等），在系统复位或开机时自动运行。

LN2000 系统采用高性能 IPC 作为主控制单元的硬件设备，使用实时多任务操作系统支持。

一、组成

软件系统一般包括系统软件和用户软件。

DCS 控制站的系统软件，原则上也有实时操作系统、编程语言及编译系统、数据库系统、自诊断系统等，只是完善程度不同而已。

用户软件一般是由执行代码部分和数据部分组成的。

（1）执行代码部分。它包括数据采集和处理、控制算法库、控制应用软件、控制输出和网络通信等模块，它们一般固化在 ROM 中。

（2）数据部分。指实时数据库，它通常保留在 RAM 存储器之中。系统复位或开机时，这些数据的初始值从网络上装入；运行时，由实时数据刷新。

二、主控制单元的软件功能及执行过程

主控制单元中的软件也称为 DCS 控制层软件，其基本功能可以概括为 I/O 数据的采集、控制算法运算和 I/O 数据的输出。有了这些功能，DCS 的现场控制站就可以独立工作，完成该控制站的控制功能。除此之外，一般 DCS 控制层软件还要完成一些辅助功能，如控制单元及重要 I/O 模块的冗余功能、网络通信功能及自诊断功能等。不同的 DCS 产品在辅助功能上变化较大，但在基本功能的实现上基本相同。在有操作系统的现场控制站中，这些功能由多个程序共同实现。

软件代码又可分为周期执行代码和随机执行代码。周期执行代码完成的是周期性的功能，例如周期性的数据采集、转换处理、越限检查；周期性的控制运算；周期性的网络数据通信；周期性的系统状态检测等。周期性执行过程一般由硬件时钟定时激活。随机执行代码完成的是实时处理功能，例如文件顺序信号处理；实时网络数据的接收；系统故障信号处理（如电源掉电等）等。这类信号发生的时间不定，一旦发生，就应及时处理。随机执行过程一般由硬件中断激活。

典型的现场控制单元周期性软件的执行过程如图 4-3 所示。

（1）数据读取。负责数据采集的 I/O 硬件独立工作，并向主控制单元传送 A/D 转换后的现场数据，主控制单元读取这些数字信号，并依据数据库中各测点对应的硬件地址及 ID

号进行数据对应。

各测点的硬件地址和 ID 号由工程师站的数据库组态软件配置完成，并由工程师站将配置信息下装到各主控制单元中。

（2）数据预处理。将采集到的现场数据依据数据库中对应的报警限值、滤波方式等进行质量判断及信号调理，按数据库中测点对应的数据转换系数进行数据转换，使之成为标准量纲的工程单位数值。

（3）数据库更新。将处理好的测点数值与状态等写入数据库，刷新原来的数据库信息，提供给控制运算程序使用。

（4）控制算法运算。控制系统设计人员通过工程师站的控制算法组态工具，将各种基本控制算法按照生产工艺要求的控制方案顺序连接起来，并填进相应的参数后下装至主控制单元。主控制单元根据设计时所确定的次序，按照方案的组织逻辑关系，逐个进行模拟控制回路或顺序控制回路的控制运算。

（5）控制结果输出。输出控制算法的运算结果，由 I/O 驱动程序执行外部输出。即将输出变量的值转换成外部信号（如 4～20mA 模出信号）输出到外部控制仪表，控制现场生产设备的运行。

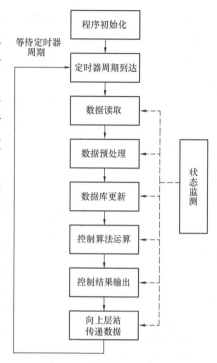

图 4-3 典型的现场控制
单元周期性软件的执行过程

（6）向上层站传递数据。将主控制单元中的新的数据信息向上层网络发送，通过通信的方式传递给上层的工程师站、操作员站等。

三、主控制单元的程序结构

主控制单元运行过程中，大多数程序之间都存在着交换使用数据的情况。例如控制算法运算软件使用的数据可能来自过程通道数据巡检软件或监控网络通信软件，控制运算的结果要通过过程通道数据巡检软件发送到现场，同时控制运算的中间结果可能需要通过通信软件提供给操作员站监控，其他程序之间也同样存在着类似的情况。如果这些程序之间都直接交换数据，势必造成数据交换的方式过多和过于复杂。因此，一般 DCS 中都采用中心实时数据库的方式来处理程序之间的数据交换，其结构如图 4-4 所示。

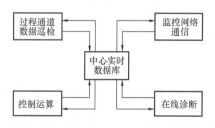

图 4-4 现场控制站程序结构示意图

从图 4-4 中可以看到，中心实时数据库是主控制单元的核心，其他程序都只与中心实时数据库交换数据。这样一方面简化了数据交换方式，另一方面当某个程序出现故障时，中心实时数据库中的相关数据可以"锁定"不变，其他程序可以暂时继续使用。中心实时数据库一般不是独立程序，而是由共享内存区构成的。

四、主控制单元软件的基本要求

主控制单元是分散控制系统最基础的控制设备，它直接与生产设备相关联，因此，其软件系统占有极为重要的地位，一般要求如下：

（1）应具有高可靠性和实时性。主控制单元的高可靠性和实时性是由硬件和软件两方面来决定的。因此，除切合实际地选择高可靠性结构与器件、较高档处理器、较强中断处理能力的硬件外，还应保证现场控制单元所用的软件具有高可靠性、实时性，以及较强的抗干扰能力和容错能力。

（2）应具有较强的自治性。主控制单元在运行过程中一般不设人机接口，不能及时地由运行人员发现和处理软件故障，因此，它的软件系统必须有较强的自治能力，能避免死机现象的发生。

（3）应具有通用性。主控制单元只有适用于不同的控制对象才具有推广和应用的价值。因此，它的软件系统应具有较广泛的通用性。通常，现场控制单元的软件设计使数据采集和处理、控制算法库、控制输出、网络数据通信等执行代码与控制对象无关，即这些执行代码在不同的工程项目应用中是不变的。对于不同的应用对象，只是控制应用软件的设计不同，只对存在于 RAM 中的数据有所影响，因而使现场控制单元具备了广泛的通用性。

第三节　主控制单元中控制运算功能的实现

一、功能块组态方式

模拟仪表控制系统中，控制方案的执行依赖硬件实现，PID 控制器及算法实现由模拟电路构成，各控制运算单元通过硬接线的方式连接在一起，构成完整的控制系统，共同完成特定的控制功能。

在 DCS 中，过程通道中输入卡件完成现场测量信号的转换工作，将测量的电量信号以数字化的形式送入主控制单元中的存储单元，主控制单元中需要完成过程控制功能，输出卡件完成主控制单元中的数值传送到现场执行机构。过程控制功能由软件实现，控制方案通过工程师站中的组态软件（编程语言）完成，主控制单元接收到组态方案后执行软件程序，完成所要求的功能。

在 DCS 的发展过程中，完成过程控制功能的编程组态语言也在不断地发展和完善。早期的分散控制系统使用填表式语言，后来又出现批处理语言。这两种语言均属于面向问题的语言。随着计算机图形化技术的发展，操作系统由字符型的 DOS 操作系统转变为图形化的 Windows 操作系统，编程技术的发展，出现了功能块图和梯形图语言。目前 DCS 中大多采用这两种方式，在连续量控制系统中一般使用功能块图方式，在离散量控制系统中一般使用梯形图语言。

功能块是一种预先编好程序的软件模块，将各种控制运算单元编写成子程序或函数并封装起来，称为控制运算模块或功能块。每一功能块完成一种或几种基本的控制功能，如 PID 控制、开方运算、乘除运算等，同时提供可以在线调整的内部参数，这样可以保证应用的通用性和灵活性。

厂家将编好的控制算法程序存放在基本控制单元的 ROM 之中，以功能块的可视化方式提供给用户。用户使用组态软件，首先选择合适的功能块，然后把他们连接在一起，前一个模块的输出作为后一个模块的输入，设置好必要的参数，每个模块完成各自预先设计好的功能，从而组成所需要的控制系统，来实现现场所需的复杂控制功能。

LN2000 系统的算法库中拥有 100 多种功能块。这些功能块不仅能够实现许多常规仪表所完成的普通控制功能,而且能够实现许多复杂的高级控制功能,如图 4-5 所示,是火电厂氧量控制系统图(部分)。

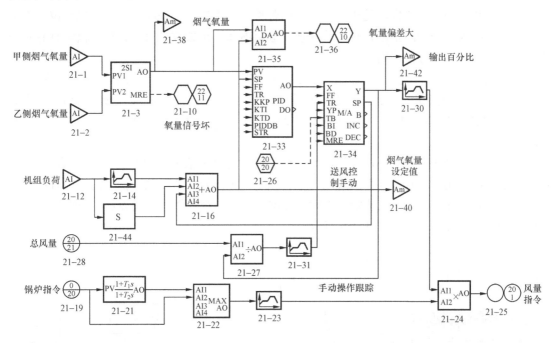

图 4-5 功能块组态图示例

图形化的 CAD 组态技术使得组态过程变得十分简单,用户根本不需要了解每一个功能块内部的程序是如何编制的,就可以组成所需的控制系统。而且,由于功能块之间是通过组态进行"软连接"的,所以修改控制方案十分容易。在有些 DCS 中,还可以在线修改控制方案,更加灵活方便。因此,功能块图方式成为目前 DCS 中最流行的方法,这里介绍 LN2000 系统中的功能块组态方式及软件形式。

二、LN2000 系统算法模块

LN2000 系统中实现过程控制功能的核心部分是 SAMA 图组态。进行 SAMA 图组态,就是将系统内部定义的算法块,依据用户要求实现的功能以一定的逻辑过程组合起来,形成完整的 SAMA 图。利用 SAMA 图可以完成回路连续控制、顺序逻辑控制等运算。SAMA 图组态完毕后,要经过编译,并下装到过程控制站 LN-PU 中,才能调用执行。

1. 基本模块组成

算法块(功能块)是 SAMA 图组态的最小单位,在组态界面中通常是带有输入输出端的三角形、矩形、圆形或其他形式出现,如图 4-6 所示。

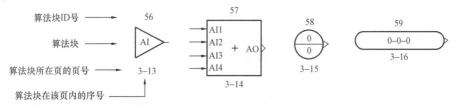

图 4-6 基本模块说明

（1）算法块 ID 号。代表该算法块在该过程站的 ID 号，在该过程站内是唯一的。该参数由系统自动生成，用户不能修改。

（2）算法模块。算法模块是用图形表示的各种标准算法，是程序的主要组成单位。算法模块可以理解为一个标准函数，具有输入项、输出项和算法参数。每一种算法模块具有一个唯一的算法名称，以方便使用。

（3）页号和序号。代表该算法块在该过程站当前页的页号和在当前页内的序号。页号由系统自动生成，用户无法修改。序号用户可以修改，但是在每个页内该序号是唯一的。如果修改后的页内序号与其他算法块的序号发生冲突，系统会给出提示，如图 4-7 所示。

（4）信号连接线。算法模块之间数据的传递通过连线来表示，这些连线称为信号流线。信号流线一般使用一段直线或折线表示，显著地表示了信号间的联系。信号总是沿着连线从起点流到终点。在 LN2000 系统中，连续量数据之间的连接线使用实线表示，逻辑量数据之间的连接线使用虚线表示，如图 4-8 所示。

图 4-7　模块序号冲突提示框

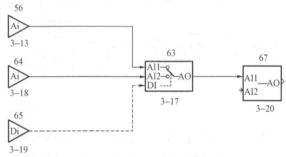

图 4-8　信号连接线

算法块的数据处理是按照从左到右的方向进行的，因此定义算法块的左侧为输入端，右侧为输出端。算法块在执行时，输入参数用信号连线接到输入端，其运行结果通过输出端传递出去。算法块内部的执行流程由系统定义。

2. 算法模块说明

不同的分散控制系统，控制运算模块或功能块的类型不同。在 LN2000 系统中主要有以下几大类：输入输出算法块、数学运算算法块、逻辑功能算法块、选择功能算法块、控制功能算法块、时间功能算法块、线性功能算法块、非线性功能算法块、信号源算法块。

对于每一个算法模块，LN2000 系统的算法手册里面给出了详细的模块说明，包括模块类别，模块连接模块参数、功能说明和算法说明，以帮助设计人员完成控制方案的组态。现以加法块举例说明如下：

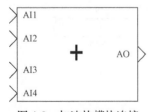

图 4-9　加法块模块连接

（1）名称。加法（ADD）。

（2）模块类别为数学算法模块。

（3）模块连接见图 4-9。

（4）模块参数见表 4-1。

（5）功能说明。该算法完成加权加法的浮点运算，最多可以使用 4 个输入端。

表 4-1　加法块模块参数

参数项		符　号	说　明	类　型
	系统生成	PAGENO.	页号	Int
	用户录入	NO.	序号	Int
		K1～K4	系数（不等于0）	Double
输入输出项		AI1～AI2	输入值	Double
		AO	输出值	Double

（6）算法说明。置悬空端 AI（i）初值为 0，则 AO 计算式为

$$AO＝AI1·K1＋AI2·K2＋AI3·K3＋AI4·K4$$

工程人员根据模块手册，对照已设计完成的 SAMA 原理图，使用 LN2000 系统中的算法块完成 SAMA 功能块的功能。

三、LN2000 系统功能块图组态方式

LN2000 系统中的连续控制和顺序控制功能都是由 SAMA 图组态工具完成的，为用户提供了方便的 SAMA 图的编辑生成和编译运行的人机界面。在该软件的支持下，程序的编制转化为算法块的组织、绘制过程。SAMA 图组态以站中的页为单位进行，用户只需从算法块库中选定算法块，再按规定的数据流程将这些算法块用信号连接线连接起来即可。

1. 基本操作

（1）功能模块的生成。功能模块的生成非常简单，只需要在主菜单上的"功能模块"项，下拉"功能模块"菜单，然后单击其中的任意一项（或者单击工具条上的对应项），在屏幕的左边出现工具条。工具条上包括所选功能模块类的所有模块，当鼠标落在工具条上有功能模块说明，单击选中所需模块，移动鼠标进入绘图区域，光标变成十字形状，按下鼠标左键即可绘制出目标模块，见图 4-10。

（2）连接线的生成。模块之间的连接线标明模块之间的运算关系，是 SAMA 图中的重要的组成部分。在该 SAMA 图组态软件中，连接线有两种生成方法。当移动鼠标落在模块

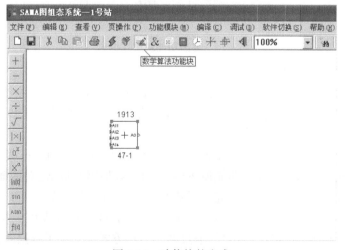

图 4-10　功能块的生成

的可连接线的区域（输入端用一个小箭头表示，输出端用小三角形表示）时，按下鼠标左键，光标呈十字状，然后移动鼠标生成连接线；另一种方法是，当移动鼠标靠近连接线时，按下鼠标右键，光标呈十字状，移动鼠标生成连接线，见图 4-11。

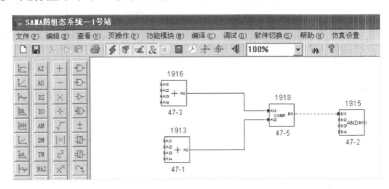

图 4-11　连接线的生成

（3）编辑普通模块的属性。双击功能块则可以显示出设计人员可以操作的属性，如图 4-12 所示的加法块属性。

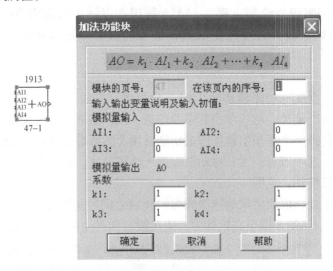

图 4-12　算法功能块属性编辑

2. 功能块与系统数据库之间的数据传递

现场生产数据经过程通道 A/D 转换后成为数字量，以通信方式向主控制单元传送，主控制单元接收后将其存放在共享内存中，以数据库组态所给的索引号（ID 号）为区分标志，对应各自的点名和附加说明。

这些共享内存中的输入数据要通过 SAMA 中的模拟量输入功能块、数字量输入功能块获取实时数值，从而参与下一步的功能模块运算。输入功能块的属性对话框里显示所需的数据库点的列表，这些数据库点的信息是从数据库文件中读取的，如图 4-13 所示。根据点名选择所需要输入运算的数据点，则能对应到该点的索引号，从而从共享内存中得到实时数值。这样，数据库和 SAMA 图软件之间通过共享内存方式建立起了数据的传递。

经过各模块的计算后，得到的输出量也要从 SAMA 程序传递给共享内存，之后通信程

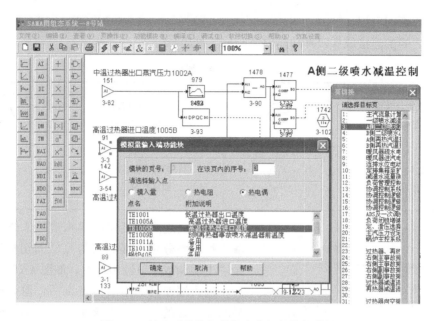

图 4-13 输入功能块与数据库之间的数据传递

序再从共享内存中以索引号为标志获取这些数值，发送给过程通道，过程通道进行 D/A 转换后送给执行机构进行操作，如图 4-14 所示。

数据库中的模拟输出量、开关输出量、数值量、逻辑量和时间量点是具有输出特性的点，每个点只能对应于 SAMA 图中的一个模块。为了减少组态时出错，在需要连接到这类点上的模块的属性对话框的数据点列表中去掉那些已经连接到其他模块上的数据点，如图 4-14 所示，这样在选择数据点时就不会出现和其他模块重复的情况，从而降低了组态时出错的可能性。

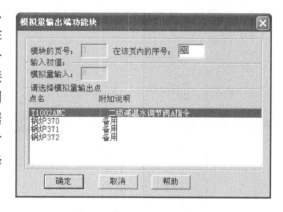

图 4-14 输出功能块与数据库之间的数据传递

3. 页操作

对于现场控制站，每一个站的控制逻辑很多，在屏幕显示区域内不能显示出全部的组态逻辑，因此，每个站的组态逻辑可以分为多个页面来显示，将大的组态图人为地划分为几个小的组态页面。

每建立一个新的页面时可以输入相应的页面描述信息，以方便应用。新建页对话框如图 4-15 所示，打开对话框时，页号编辑框中会自动给出新建页号，该页号为该站内的最大页号加上 1，可以修改新建页号，同时可以输入页描述。

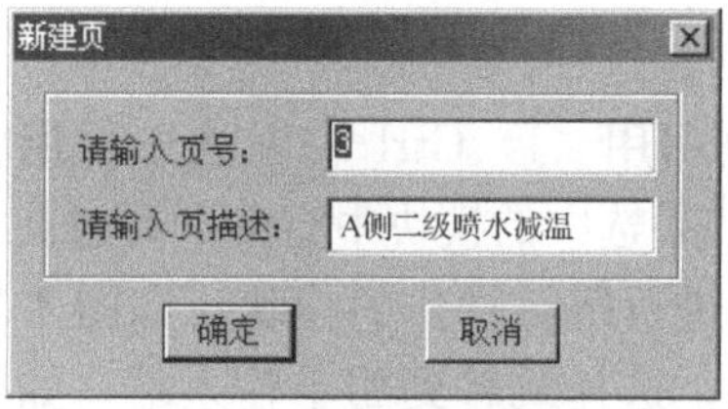

页的操作包括页切换、页删除、页属性编辑、不同页间的连接模块的跳转等，给组态操作带来很大的方便。

由于一个站内的模块量很大，组态时需要分页进行，不同页之间的联系是通过页与页之间的连接模块来

图 4-15 新建页对话框

完成的，称为页间引用。

页与页之间的连接依靠四种功能模块实现，见表4-2。

表 4-2 页与页连接功能块

页与页之间连接用的 模拟量输入端	21 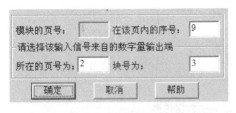⊙ 1-1	页与页之间连接用的 模拟量输出端	23 ◯ 1-2
页与页之间连接用的 数字量输入端	30 ⬡⊙ 1-9	页与页之间连接用的 数字量输出端	31 ⬡× 1-10

图 4-16 页间连接输入端的属性

页与页之间连接用的模拟量输入端和数字量输入端需要分别连接到页与页之间切换用的模拟量输出端和数字量输出端上，如图 4-16 所示。

输入端连接到输出端上以后，输入端模块上显示输出端的页号和在该页内的序号，输出端模块的右端会出现和其形状相同的图形，并在其上标示输出到的输入端模块的页号和序号。如果输出端输出到多个输入端，那么在其右端会出现多个与其形状相同的图形，分别标出输出到的各个输入端模块。如图 4-17 所示，在第 3 页中，加法器的最终输出为 $1.24+2.62+2.44+3.54=9.84$。

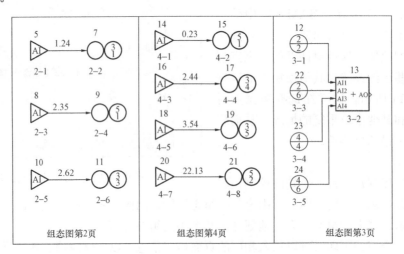

图 4-17 页间连接实例

输入端和输出端之间可以通过跳转功能方便地实现跳转。选中模块以后，如果其中包含页与页之间切换用的模块，那么"编辑"菜单下的"跳到引用（J）Ctrl＋J"处于可用状态，此时，可以实现页与页之间切换用的模块间的跳转。如果选中的模块中有多个页与页之间切换用的模块，那么会出现选择对话框，选择具体需要进行跳转操作的模块，如图 4-18 所示。当输出端输出到多个输入端时，会出现选择对话框，选择跳转到哪个输入端，如图 4-19 所示。

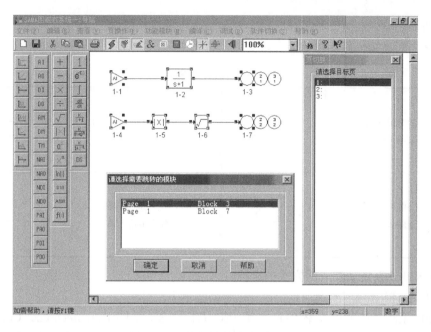

图 4-18 页与页之间的切换（一）

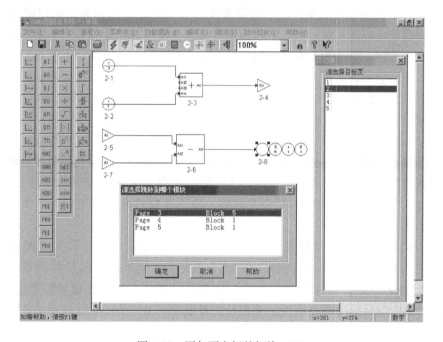

图 4-19 页与页之间的切换（二）

4. 站间引用

同样的道理，整个电厂的控制不是在一个控制站中完成的，而是需要多个控制站共同完成，因此，各站之间的数据也需要进行连接和传递。

不同站之间的数据传递是通过站与站之间连接用的模块来完成的。通过站与站之间连接的输入端来引用其他站的值，将那些输入端模块接到站与站之间连接的输出端（包括模拟量和数字量输出端）。站与站之间连接的输入端通过指定模块的站号、页号和在页内的序号来确定对应的输出端，在组态和编译时都会判断是否出现连接错误。

站与站之间连接依靠四种功能模块实现，见表 4-3。

表 4-3　　　　　　　　　　　　　站 与 站 连 接 功 能 块

站与站之间连接用的 模拟量输入端	21 〔0－0－0〕 1－1	站与站之间连接用的 模拟量输出端	23 →〔 〕 1－2
站与站之间连接用的 数字量输入端	30 〈0－0－0〉 1－9	站与站之间连接用的 数字量输出端	31 →〈 〉 1－10

四、LN2000 系统功能块图方式的运行

1. IEC 61131-3 编程思想

LN2000 系统功能块组态软件是遵循 IEC（International Electrotechnical Commission，国际电工委员会）61131-3 标准开发的标准化编程语言。IEC 61131-3 是 IEC 61131 国际标准的第三部分，是第一个为工业自动化控制系统的软件设计提供标准化编程语言的国际标准。该标准针对工业控制系统所阐述的软件设计概念、模型等，适应了当今世界软件、工业控制系统的发展方向，是一种非常先进的设计技术。它不但极大地推动了工业控制系统软件设计的进步，而且它的许多概念还对现场总线设备的软件设计产生了很大影响。

IEC 61131-3 标准最初主要用于可编程序控制器（PLC）的编程系统，但它目前同样也适用于过程控制领域、DCS、基于控制系统的软逻辑、SCADA 等。

IEC 61131-3 标准有两个模型，IEC 软件模型和通信模型。IEC 软件模型从理论上描述了如何将一个复杂的程序分解为若干个小的不同的可管理部分，并且在各个被分解部分之间有清晰的和规范的接口方法；描述了一台 PLC 如何实现多个独立程序的同时装载、运行；描述了系统如何实现对程序执行的完全控制等。以下简要地介绍其原理，当用于 DCS 时，其原理是一致的。

（1）IEC 61131-3 软件与实际系统的关系。如图 4-20 所示为应用 PLC 系统的直接数字控制系统。来自物理传感器的连续信号被转换为数字采样信号后，PLC 控制系统就可以运行诸如比例、积分、微分（PID）等算法产生控制信号输出，最终实现对装置位置的控制。在图 4-20 中，IEC 61131-3 软件假设，来自传感器或变送器的外部数值被直接放在一段特定的内存区，同时，程序运行后产生的结果也被放在一段特定的内存区，更新这些内存区数值，即实现了对执行器或显示器的驱动。

LN2000 系统中共享内存的设计思想与这种设计思想是完全一致的。

（2）IEC 软件模型。IEC 61131-3 软件模型（如图 4-21 所示）是一种分层结构，每一层隐藏其下层许多特征。IEC 61131-3 具有的这种分层结构，构成了 IEC 61131-3 软件优越于传统的 PLC 软件的理论基础，是 IEC 61131-3 软件先进性的体现。

在模型的最上层是软件"配置"，它等同于一个 PLC 软件，使用在一个具体应用的定义 PLC 行为的整个软件中，它与配置系统的实际过程是不同的。如在一个复杂的由多台 PLC

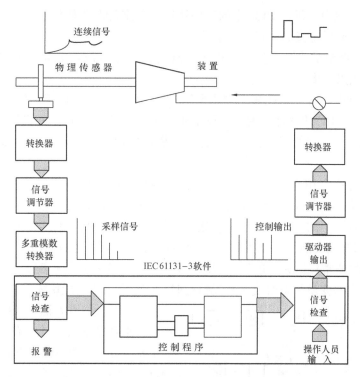

图 4-20　应用 PLC 系统的直接数字控制系统

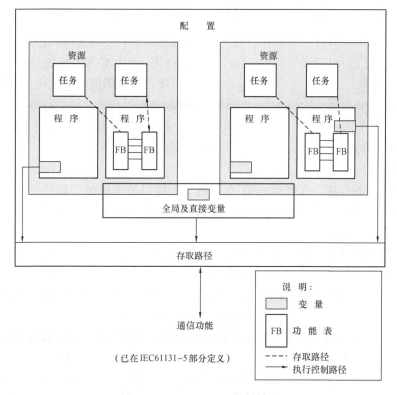

图 4-21　IEC 61131-3 软件模型

组成的自动化生产线中，每台 PLC 中的软件就是一个独立的"配置"。一个"配置"可与其他的 IEC"配置"通过定义的接口进行通信。

LN2000 分散控制系统在应用中，由多台现场控制站组成，等同于这里所描述的多台 PLC 组成的自动化生产线。

在每一个配置中，有一个或多个"资源"，"资源"不仅为运行程序提供了一个支持系统，而且它反映了 PLC 的物理结构，在程序和 PLC 物理 I/O 通道之间提供了一个接口。一个 IEC 程序只有在装入"资源"后才能执行。"资源"通常放在 PLC 内，但也可以放在其他系统内。

一个 IEC 程序可以用不同的 IEC 编程语言来编写。典型的 IEC 程序由许多互连的功能块组成，各功能块之间可互相交换数据。一个程序可以读写 I/O 变量，并且能够与其他的程序通信。一个程序中的不同部分的执行通过"任务"来控制。"任务"被配置以后，可以控制一系列程序和/或功能块周期性地执行程序，或由一个特定的事件触发开始执行程序。IEC 程序或功能块通常保持完全的待用状态，只有当由一个特定的被配置的任务来周期性地执行或由一个特定的变量状态改变来触发执行时，IEC 程序或功能块才会执行。

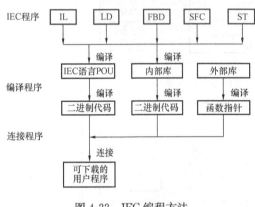

图 4-22　IEC 编程方法

（3）IEC 编程方法。IEC61131-3 一共制定了五种编程方法，其中有三种为图形化编程方法：功能块图 FBD（Function Block Diagram）、梯形图 LD（Ladder Diagram）、顺序功能图 SFC（Sequential Function Chart）；另外两种为文本化语言：指令表 IL（Instruction List）和结构化文本 ST（Structured Text）。不同的编程方法通过编译和连接程序，最终形成统一的可下载的用户程序，见图 4-22。

LN2000 系统主要使用 IEC 编程方法中的功能块图 FBD 方式，经过编译连接，形成可下载的用户程序。

2. 编译连接

（1）编译连接的作用。在完成 SAMA 图组态工作以后生成组态软件使用的文件，需要进行编译，检查 SAMA 图中的组态错误，生成供控制站运算程序使用的下装文件，即图 4-22 中可下载的用户程序。

（2）编译连接的过程。首先检查 I/O 模块和控制类中的 PID、模拟手动站、数字手动站和模拟量给定值发生器功能块是否连接到相应的数据库点上。如果没有连接，那么提示出错，弹出出错消息对话框，指出出错的模块，单击"确定"后，直接切换到该功能块所在的页，并选中该功能块，这样可以很方便地找到出错的功能块。

然后检查页与页之间连接用的模拟量输入端和数字量输入端是否已经连接到相应的输出端上了，如果没有，那么提示出错，因为这样导致了 SAMA 图不完整。

最后检查站间引用的模拟量输入端和数字量输入端连接到的模块是否存在相应的输出端，如果不是，那么提示出错。

在完成查错工作以后，下一步的工作是确定功能块之间的关系，提取下位计算时要使用的功能块，对这些功能块进行排序。功能块一般不分优先级，按照一定的顺序执行。在有些DCS中，执行的顺序取决于功能块在组态时的编号，这个编号又称为块号。块号是单独编排的，而在另外一些系统中，块号就用该块第一个输出信号的块地址表示。在这些DCS中，在组态时要合理地编排块号，以减少系统中不必要的延迟。如果块号的编排不合理，会产生所谓的"绕圈"（Loop-backs）现象。为了说明这一情况，举例如下。

如图4-23所示，如果模块运算执行的顺序按照组态时的编号从4-7～4-15顺序执行，则4-11号块的输入端DI2必须等待4-14号块的输出结果，而4-14号块又必须依赖4-15号块的输出结果，这样就产生了绕圈现象。假设4-17和4-18号块端的状态发生变化，使4-15号块的输出改变。每个周期中总是4-11号块的执行先于4-14号块，而4-14号块又先于4-15号块，当前一个块执行时，后面的块还没有执行，因此前一个块只能利用后一个块上次执行的结果。所以4-7和4-8端的变化必须延迟一个周期以后才能传送到4-14号块，延迟两个周期才能传送到4-11号块，待4-11号块的输出发生变化至少要三个周期。另外，最终输出4-12号块与4-13号块之间还有一个周期的延迟，所以要得到正确的输出信号至少要经过四个周期。

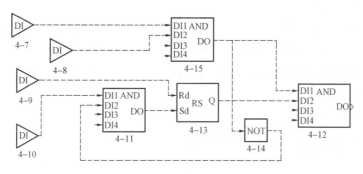

图4-23　逻辑功能块的执行顺序

由以上分析可见，要防止出现绕圈现象，就必须避免后执行功能块的输出作为先执行功能块的输入。也就是说，要按照信息的流向去安排功能块的执行顺序，这样就能保证及时准确地获得输出信息。功能块的执行顺序安排不当，不仅会影响系统的响应速度，甚至会使系统的输出产生"毛刺"（输出信号产生极短暂的错误），这对于某些要求很高的系统，如机组的保护系统，是不允许的，因为短暂的输出错误会造成保护系统误动作。但是，当一个过程控制站中模块数量非常大时（可能多达几千个），要想完全正确地安排功能块的执行顺序是非常困难的。LN2000系统通过一个小的专家系统软件可以自动排列功能块的执行顺序，并根据此顺序依次将计算需要的功能块信息保存到文件中，解决了绕圈问题，避免了人工排序可能出现的错误。

（3）程序的执行。LN2000系统基于IEC 61131-3软件模型设计，其控制程序的执行如图4-24所示。使用SAMA功能块图组态软件实现控制方案，经过编译和连接后生成目标文件。主控制单元启动主进程后读取已有目标文件或等待目标文件下装后读取，根据实际组态情况建立共享内存，将模块类型、顺序及参数分配到相应的内存地址，之后进行周期性的程序执行过程。

3．调试和在线修改参数

启动StartUp时，如果选择的是"在线运行"状态，那么SAMA图组态系统软件的菜

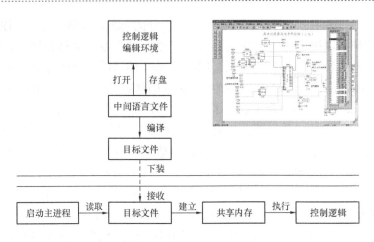

图 4-24 控制程序的执行

单"调试"下的"调试运行"处于可用状态，否则处于灰色的不可用状态。在"在线运行"时，选中"调试运行"后，系统处于调试运行状态，这时模块的输出端会显示出模块的当前输出值，字体颜色为蓝色。

（1）在线修改算法块的参数。调试运行状态下，可以在线修改算法块的参数。弹出算法块的属性对话框，修改算法块的参数，按下对话框里的"确定"键以后，修改后的算法块参数会下发到对应的正在运行的主站和备用过程控制站，过程控制站接收修改后的参数，并根据修改后的参数计算运行。

（2）强制和保持算法块的输出值。在调试运行状态下，可以强制和保持算法块的输出

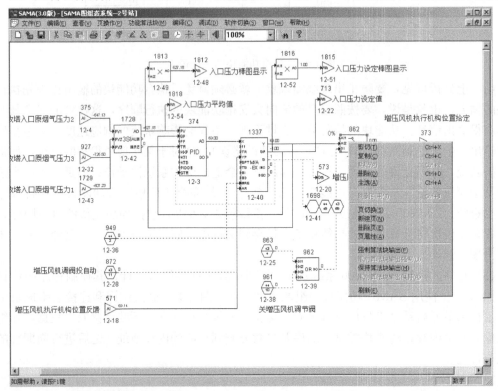

图 4-25 SAMA 图组态系统在线调试运行时"右键浮动菜单"示意图

值。有了强制和保持功能，可以方便地设置系统算法块的输出值，验证控制方案或逻辑的正确性，完成系统的调试。

右键单击需要强制或保持输出的算法块，会弹出浮动菜单（如图 4-25 所示），其中有这样两项可供选择：“强制算法块输出”和“保持算法块输出”，而“取消算法块输出强制”和“取消算法块输出保持”两项为不可选择状态。

在调试运行时，选中一个算法块，如果算法块有输出，那么强制算法块输出和保持算法块输出处于可用状态。

当选择“强制算法块输出”项时，如果该算法块有多个输出量，那么弹出对话框，选择强制第几个输出，然后弹出设置强制值对话框，设置强制值的大小。

算法块的输出处于强制状态时，输出字体的颜色会变为红色，被强制操作的算法块颜色变为粉红色，如图 4-26 所示。

当选择“保持算法块输出”项时，同样，如果算法块的输出个数多于一个，那么弹出对话框，选择保持第几个输出值。

算法块的输出处于保持状态时，输出字体的颜色会变为绿色，如图 4-27 所示。

如果设置了强制算法块输出，或者是保持算法块输出后，可以选择进行“取消算法块输出强制”或者是“取消算法块输出保持”。

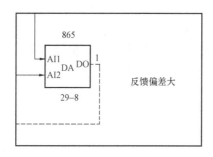

图 4-26 算法块强制输出示意图

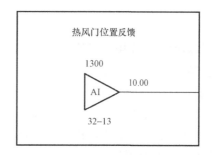

图 4-27 算法块保持输出示意图

SAMA 在线时，可以使用强制和保持功能，这两项操作对主站和备用站（处于跟踪状态时）都起作用。如果备用站没有启动，会提示未能强制或保持备用站的提示信息，主站和备用站的参数会不一致，当备用站工作正常后需要从主站复制数据库到备用站。

第四节　PID 算法在分散控制系统中的实现

在过程控制中，最常用的控制算法是 PID 算法，它实现对偏差的调节。基于 PID 算法的 PID 控制器以其结构简单、易于实现、抗干扰能力强等特点在回路控制中获得广泛应用。据统计，在火电厂中，目前 95％以上的控制回路仍采用 PID 结构形式。在 DCS 中，PID 也是最基本的控制算法。这里以 LN2000 系统为例介绍 PID 算法在 DCS 中的实现。

一、基本的 PID 控制算法

PID 调节器是在连续调节系统中发展起来的，PID 算法主要由比例（Proportional）、积分（Integral）、微分（Differential）作用组成。任意一个单回路控制系统如图 4-28 所示，基本 PID 框图如图 4-29 所示。

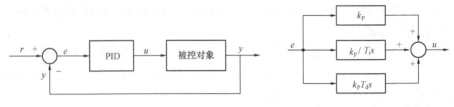

图 4-28　单回路控制系统　　　　　　图 4-29　基本 PID 框图

在图 4-28 中，r 为给定量，y 为被控量，e 为给定量与被控量的差值，u 为 PID 调节器输出，且有计算关系为

$$e(t) = r(t) - y(t) \tag{4-1}$$

理想的 PID 控制算式为

$$u(t) = k_p\Big[e(t) + \frac{1}{T_i}\int_0^\tau e(\tau)\mathrm{d}\tau + T_d\frac{\mathrm{d}e(t)}{\mathrm{d}t}\Big] \tag{4-2}$$

式中　k_p——调节器的比例增益；

　　　T_i——积分时间；

　　　T_d——微分时间。

式（4-2）可通过拉氏变换，得出传递函数形式，即

$$\frac{u(s)}{e(s)} = k_p(1 + \frac{1}{T_i s} + T_d s) \tag{4-3}$$

PID 调节器的比例作用可对给定与输出间的偏差及时作出反应；积分作用主要用来消除静差，提高控制精度，改善系统的静态特性，但积分作用的增强会导致系统的稳定性下降；微分作用主要是减小超调，使系统快速趋向稳定，改善系统的动态特性。PID 控制器参数（k_p、T_i 及 T_d）应根据控制对象特性来确定，称为参数整定。通过参数整定，使三种作用适当配合，达到快速、平稳、准确的调节效果。

二、数字式的 PID 算法

DCS 是一种计算机控制系统，能直接处理的是数字信号，为了使计算机能够实现 PID 运算，必须把式（4-2）给出的微分方程转换为差分方程。一种简单的转换方法就是积分项使用求和来代替，微分项由差分来代替，即

$$\int_0^\tau e(\tau)\mathrm{d}\tau \approx \sum_{i=0}^k \big[e(i)T\big] \tag{4-4}$$

$$\frac{\mathrm{d}e(t)}{\mathrm{d}t} \approx \frac{e(k) - e(k-1)}{T} \tag{4-5}$$

式中　　　　　T——采样周期；

　　　　　　　k——采样序号，$k=0，1，2，\cdots，n$；

　　$e(k)$、$e(k-1)$——第 k 次和第 $k-1$ 次所采样获得的偏差信号。

将式（4-4）和式（4-5）代入式（4-2），可得

$$u(k) = k_p\Big\{e(k) + \frac{T}{T_i}\sum_{i=0}^k e(i) + \frac{T_d}{T}\big[e(k) - e(k-1)\big]\Big\} \tag{4-6}$$

式中　$u(k)$——第 k 时刻的控制量。

式（4-6）即为 PID 的差分方程式。当采样周期 T 比被控对象时间常数 T_p 小得多时，

差分方程与微分方程将非常接近，此时的离散效果也接近连续控制。

得到差分方程式之后，则进行实际的计算机编程实现，分为位置式算式和增量式算式。

1. 位置式 PID 算式

式（4-6）为理想的数字 PID 算法。计算机编程实现时，使用计算式为

$$u(k) = k_p \left\{ e(k) + \frac{T}{T_i} \sum_{i=0}^{k} e(i) + \frac{T_d}{T} [e(k) - e(k-1)] \right\} + u_0 \tag{4-7}$$

u_0 为系统由手动切换到自动时刻的输出值，即自动投入时的输出值，作为控制量的初始计算值用于计算，计算所得的控制输出值直接代表的是执行机构的位置，所以也称为位置式 PID 算法。

2. 增量式 PID 算式

根据式(4-7)，可以写出 $k-1$ 时刻的控制量 $u(k-1)$ 计算式为

$$u(k-1) = k_p \left\{ e(k-1) + \frac{T}{T_i} \sum_{i=0}^{k-1} e(i) + \frac{T_d}{T} [e(k-1) - e(k-2)] \right\} + u_0 \tag{4-8}$$

如果我们用式(4-7)中的 $u(k)$ 减去式(4-8)中的 $u(k-1)$，则有

$$
\begin{aligned}
\Delta u(k) &= u(k) - u(k-1) \\
&= k_p \left\{ [e(k) - e(k-1)] + \frac{T}{T_i} \left[\sum_{i=0}^{k} e(i) - \sum_{i=0}^{k-1} e(i) \right] \right. \\
&\quad \left. + \frac{T_d}{T} [e(k) - e(k-1) - e(k-1) + e(k-2)] \right\} \\
&= k_p \left\{ [e(k) - e(k-1)] + \frac{T}{T_i} e(k) + \frac{T_d}{T} [e(k) - 2e(k-1) + e(k-2)] \right\} \\
&= k_p [e(k) - e(k-1)] + k_i e(k) + k_d [e(k) - 2e(k-1) + e(k-2)]
\end{aligned}
\tag{4-9}
$$

由于式（4-9）计算所得的输出值，是在上一个周期的输出值基础上需改变的量，即第 k 时刻执行机构位置的增量，因此，式（4-9）又称增量式 PID 算法。

三、PID 功能模块的基本实现原理

LN2000 系统中 PID 模块使用增量式算法进行计算，模块外观及参数如图 4-30 所示。

在实际使用中，增量式 PID 算法的输出的形式可以有两种：增量式输出和位置式输出。PID 可以只输出第 k 时刻阀位的增量，即 $\Delta u(k)$，也可以输出第 k 时刻的实际控制量，使用 $u(k) = \Delta u(k) + u(k-1)$，其中 $u(k-1)$ 为上一时刻的输出值，如图4-31所示。在应用中应根据执行机构要求的控制量的形式，选择对应的输出形式。

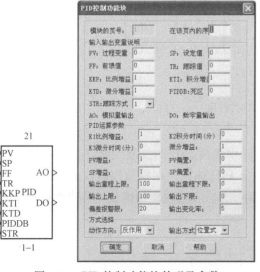

图 4-30　PID 控制功能块外观及参数

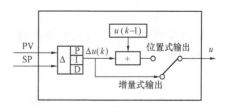

图 4-31　增量式输出与位置式输出

四、数字 PID 算法的改进

上述数字 PID 算法在实际应用中，针对不同的应用对象有时会体现出一些不足。因此，往往需结合工程实际对数字 PID 算法作适当的改进。下面介绍几种常见的数字 PID 改进算法。

1. 实际微分 PID 算式

(1) 理想微分算法的控制效果。首先分析理想微分 PID 算法的控制效果。

假设在 $k=2$ 时刻时偏差 $e(k)$ 由 0 变为 1，并假设之后几个时刻 $e(k)$ 固定不变，按式 (4-9) 计算理想微分 PID 的输出作用。

如图 4-32 (a) 及表 4-4 所示，理想 PID 算法在单位阶跃输入时，微分项只在第一个周期内起作用，作用持续时间很短，动作幅度很大，执行机构不可能按控制器输出动作，所以理想微分 PID 控制的实际控制效果并不理想。另一方面理想微分对过程噪声有放大作用，致使执行机构动作频繁，不利于设备的长期运行。

表 4-4　　　　　　　　　　　　　　　理想微分 PID 的输出作用

k	0	1	2	3	4	5
e	0	0	1	1	1	1
Δu_p	0	0	k_p	0	0	0
Δu_i	0	0	k_i	k_i	k_i	k_i
Δu_d	0	0	k_d	$-k_d$	0	0
Δu	0	0	$k_p+k_i+k_d$	k_i-k_d	k_i	k_i
u	u_0	u_0	$k_p+k_i+k_d+u_0$	$k_p+2k_i+u_0$	$k_p+3k_i+u_0$	$k_p+4k_i+u_0$

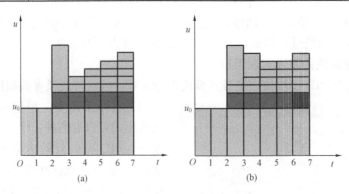

图 4-32　PID 的输出

(a) 理想微分环节；(b) 实际微分环节

(2) 实际微分 PID 的具体算法。为了在实际中提高 PID 的控制性能，必须对理想微分环节做一些改进，其中之一是使用标准实际微分 PID 算式。在模拟控制仪表中，PID 运算是靠硬件实现的，由于反馈电路本身特性的限制，无法实现理想的微分，其特性是实际微分的 PID 控制，传递函数计算式为

$$\frac{u(s)}{e(s)} = k_p \left[1 + \frac{1}{T_i s} + \frac{T_d s}{1 + \frac{T_d}{K_d} s} \right] \tag{4-10}$$

计算实际微分算法的控制效果，首先设 $T_{\mathrm{f}}=\dfrac{T_{\mathrm{d}}}{K_{\mathrm{d}}}$，则微分项输出为

$$\frac{u_{\mathrm{d}}(s)}{e(s)}=k_{\mathrm{p}}\frac{T_{\mathrm{d}}s}{1+T_{\mathrm{f}}s} \tag{4-11}$$

$$u_{\mathrm{d}}(s)=k_{\mathrm{p}}\frac{T_{\mathrm{d}}s}{1+T_{\mathrm{f}}s}e(s) \tag{4-12}$$

$$u_{\mathrm{d}}(t)+T_{\mathrm{f}}\frac{\mathrm{d}u_{\mathrm{d}}(t)}{\mathrm{d}t}=k_{\mathrm{p}}T_{\mathrm{d}}\frac{\mathrm{d}e(t)}{\mathrm{d}t} \tag{4-13}$$

对上式离散化，可得

$$u_{\mathrm{d}}(k)+T_{\mathrm{f}}\frac{\big[u_{\mathrm{d}}(k)-u_{\mathrm{d}}(k-1)\big]}{T}=k_{\mathrm{p}}T_{\mathrm{d}}\frac{\big[e(k)-e(k-1)\big]}{T} \tag{4-14}$$

$$u_{\mathrm{d}}(k)=\frac{T_{\mathrm{f}}}{T+T_{\mathrm{f}}}u_{\mathrm{d}}(k-1)+\frac{k_{\mathrm{p}}T_{\mathrm{d}}}{T+T_{\mathrm{f}}}\big[e(k)-e(k-1)\big]$$

$$=\frac{T_{\mathrm{d}}}{K_{\mathrm{d}}T+T_{\mathrm{d}}}\big\{u_{\mathrm{d}}(k-1)+k_{\mathrm{p}}K_{\mathrm{d}}\big[e(k)-e(k-1)\big]\big\} \tag{4-15}$$

实际微分 PID 算法的增量式描述为

$$\Delta u(k)=u(k)-u(k-1)=\Delta u_{\mathrm{p}}(k)+\Delta u_{\mathrm{i}}(k)+\Delta u_{\mathrm{d}}(k) \tag{4-16}$$

$$\Delta u_{\mathrm{p}}(k)=k_{\mathrm{p}}\big[e(k)-e(k-1)\big] \tag{4-17}$$

$$\Delta u_{\mathrm{i}}(k)=\frac{k_{\mathrm{p}}T}{T_{\mathrm{i}}}e(k)=k_{\mathrm{p}}k_{\mathrm{i}}e(k) \tag{4-18}$$

$$\Delta u_{\mathrm{d}}(k)=u_{\mathrm{d}}(k)-u_{\mathrm{d}}(k-1) \tag{4-19}$$

实际微分 PID 算法的位置式描述为

$$u(k)=\Delta u(k)+u(k-1) \tag{4-20}$$

同样假设 $k=2$ 时 $e(k)$ 由 0 变为 1，之后几个时刻 e 固定不变的情况下，按式(4-15)计算实际微分 PID 的微分作用，即

$$u_{\mathrm{d}}(k)=\frac{T_{\mathrm{f}}}{T+T_{\mathrm{f}}}u_{\mathrm{d}}(k-1)+\frac{k_{\mathrm{p}}T_{\mathrm{d}}}{T+T_{\mathrm{f}}}\big[e(k)-e(k-1)\big]$$

$$u_{\mathrm{d}}(0)=u_{\mathrm{d}}(1)=0$$

$$u_{\mathrm{d}}(2)=\frac{k_{\mathrm{p}}T_{\mathrm{d}}}{T+T_{\mathrm{f}}}\times1=\frac{k_{\mathrm{p}}T_{\mathrm{d}}T_{\mathrm{f}}^{0}}{(T+T_{\mathrm{f}})^{1}}$$

$$u_{\mathrm{d}}(3)=\frac{k_{\mathrm{p}}T_{\mathrm{d}}}{T+T_{\mathrm{f}}}\times1\times\frac{T_{\mathrm{f}}}{T+T_{\mathrm{f}}}=\frac{k_{\mathrm{p}}T_{\mathrm{d}}T_{\mathrm{f}}^{1}}{(T+T_{\mathrm{f}})^{2}}$$

$$u_{\mathrm{d}}(4)=\frac{k_{\mathrm{p}}T_{\mathrm{d}}T_{\mathrm{f}}}{(T+T_{\mathrm{f}})^{2}}\times1\times\frac{T_{\mathrm{f}}}{T+T_{\mathrm{f}}}=\frac{k_{\mathrm{p}}T_{\mathrm{d}}T_{\mathrm{f}}^{2}}{(T+T_{\mathrm{f}})^{3}}$$

$$\vdots$$

显然，$u_{\mathrm{d}}(k)\neq0$，$k=2,3,4\cdots$，并且因为 $T_{\mathrm{f}}\gg T$，所以 $u_{\mathrm{d}}(2)=\dfrac{k_{\mathrm{p}}T_{\mathrm{d}}}{T+T_{\mathrm{f}}}\ll\dfrac{k_{\mathrm{p}}T_{\mathrm{d}}}{T}$，因此，在微分作用的第一个周期内，实际微分算法的输出比理想微分算法的输出幅度小得多 $\left(\dfrac{k_{\mathrm{p}}T_{\mathrm{d}}}{T}\text{为理想微作用}\right)$，并且能够缓慢地持续多个采样周期，使得执行机构能够较好地跟踪控制输出，如图 4-33 所示。

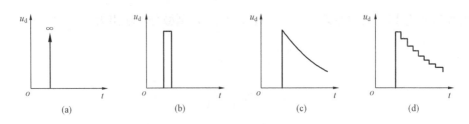

图 4-33　理想微分和实际微分作用

(a) 理想微分；(b) 数字式理想微分；(c) 模拟实际微分；(d) 数字式实际微分

实际微分 PID 控制算法的优点是微分作用能维持多个采样周期，这样就能更好地适应一般工业执行机构（如气动调节阀和电动调节阀）动作速度的要求，取得较好的控制效果。

2. 带死区的数字 PID 算法

在许多实际控制过程中，往往希望在过程变量偏离设定值不太大时，不要产生控制作用，以避免过程变量出现低幅高频率抖动，而只有当偏差值超过某个范围时才实施 PID 控制作用。为此，不少 DCS 提供了带死区的 PID 算法来实现这一功能。该算法的控制框图如图 4-34 所示。

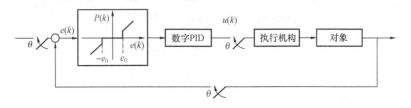

图 4-34　带死区的 PID 算法控制框图

死区的函数表示式为

$$\begin{cases} e(k), & e(k) \geqslant |e_0| \\ 0, & e(k) < |e_0| \end{cases}$$

式中　e_0——死区值。

死区函数与 PID 算法结合，可以得出带死区的 PID 算法的计算流程。带死区的 PID 算法在分散控制系统中是很容易实现的，LN2000 系统中 PID 参数给出死区设定参数 $PIDDB$，即上式中的 e_0，并且可以由其他模块传送来的数值进行外部设定，从而使组态功能更灵活。

3. 积分分离 PID 算法

系统引入积分作用主要是用来消除稳态误差的，但积分作用会导致系统的稳定性下降，使超调量增大，振荡次数增多，特别是当输入偏差变化较大时，这种影响更为明显。其主要原因是在动态过程的初始阶段，积分作用有一定的负面影响。采用计算机实现数字 PID 算法的一个很重要的特点是它可以很容易实现判断和逻辑切换功能。因此，很多应用场合会在 PID 算法中加入一个"控制开关"，控制积分作用的投入与切除，实现积分分离算法，以保证积分作用有效消除稳态误差的功能。也可减少超调量和振荡次数，使控制特性得到改善。

积分分离算法的设计思想是：设置一个分离值 E_0，当 $|e_k| \leqslant E_0$，也即偏差值 $|e_k|$ 比较小时，采用 PID 控制算法，以保证系统的控制精度；而当 $|e_k| > E_0$，也即偏差值 $|e_k|$ 较大

时，取消积分作用，采用 PD 控制算法，以降低超调量的幅度。积分分离 PID 算法可表示为

$$u(k) = k_p \left\{ e(k) + \lambda \frac{T}{T_i} \sum_{i=0}^{k} e(i) + \frac{T_d}{T} [e(k) - e(k-1)] \right\}$$

$$\lambda = \begin{cases} 1, |e(k)| \leqslant E_0 \\ 0, |e(k)| > E_0 \end{cases} \tag{4-21}$$

式中　λ——逻辑系数。

现场控制单元可以采用两种方法实现上述算法：一种是直接设计一个带积分分离的 PID 算法功能块；另一种是利用理想的 PID 算法功能块与其他算法块的组合来实现。

4. 变参数 PID 方式

在火电厂过程控制中，被控对象的动态特性会随着运行工况的不同而变化，为了更好地适应这种工况的变化，PID 的参数应随之调整，有一些自适应 PID 算法、变参数 PID 方式来解决这个问题。

在 LN2000 系统中，PID 的算法模块提供变参数功能，在增量式算式中有

$$\Delta u(k) = KKP \Delta u_p(k) + KTI \Delta u_i(k) + KTD \Delta u_d$$

PID 参数给出死区设定参数 KKP、KTI、KTD，分别为比例项、积分项、微分项的增益系数，这些系数可以由其他模块传送来的数值进行外部设定，如图 4-30 所示，从而实现控制过程中的变参数方式。

第五节　无扰切换的原理及在分散控制系统中的实现

在过程控制系统设计中，系统的手/自动无扰切换环节是需要重点考虑的内容，在 DCS 中，无扰切换涉及人机界面、SAMA 图组态和算法执行等相关内容，这里以 LN2000 系统为例介绍无扰切换原理及在 DCS 中的实现。

一、模拟量手/自动操作器的基本原理

模拟量手/自动操作器的基本组成如图 4-35 所示，包括模拟量输出的增加（AO增）、减小（AO减）按键，手动/自动方式切换（A、M）按键，输出值的显示（AO），现场执行机构的位置反馈显示（FB），以及操作器手动/自动状态的显示。

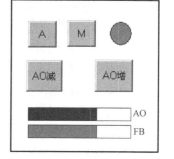
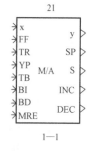

图 4-35　模拟量手/自动操作器的基本组成

在 LN2000 系统操作员界面中组态一个模拟量手/自动操作器，则在 SAMA 组态软件中应该组态一个 M/A 功能块与之相对应。

M/A 功能块的基本功能包括以下两个：

（1）传递上一模块送入的值。

（2）产生手动操作输出值。

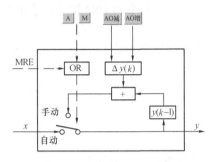

图 4-36　M/A 功能块的程序原理

从设计角度来讲，其类似于一个功能更丰富的模拟量选择模块。

M/A 功能块接收手/自动切换按键发送来的切换指令，选择不同的信号输出。当 M/A 功能块处于自动状态时，输出 y 等于输入 x 值，同时将 y 值传送至 $y(k-1)$ 存储器；当 M/A 功能块处于手动状态时，M/A 块接收操作员站点击按键生成的增加或减少指令获得输出变化的值 $\Delta y(k)$，$\Delta y(k)$ 与上一时刻的 $y(k-1)$ 相加后，得到最终的 $y(k)$ 输出，如图 4-36 所示。

二、PID 与模拟量手动操作器配合实现单回路系统的无扰切换

图 4-37 所示为 PID 与模拟量手/自动操作器配合实现无扰切换的一种形式，依据图 4-31 的位置式输出形式，组成了一个简单的单回路控制系统。在这个系统中，主要考虑两种情况的无扰切换。

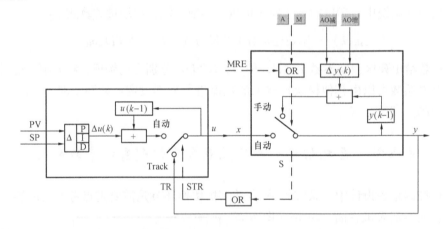

图 4-37　PID 与 M/A 功能块配合的程序原理

状态（1）：系统由手动状态切换到自动状态。

状态（2）：系统由自动状态切换到手动状态。

首先分析系统处于手动状态时的情况。运行人员按动操作器面板上的增减按钮，下发操作指令。现场控制站接受指令后得到增量值 $\Delta y(k)$，与上一时刻 $y(k-1)$ 相加生成 $y(k)$，传送出模块。同时新的 $y(k)$ 引入 PID 模块的 TR 端，PID 处于跟踪状态，输出 $u(k)$ 等于 TR 端值 $y(k)$，同时将 $y(k)$ 传递给 $u(k-1)$ 寄存器。

之后分析状态(1)，当系统由手动切换为自动时，输入 PV 与 SP 经偏差器及 PID 运算后，产生 $\Delta u(k)$ 值，$\Delta u(k)$ 与上一时刻的 $u(k-1)$ 值相加，得到 $u(k)$ 值。PID 的输出 $u(k)$ 是在上一时刻值 $u(k-1)$ 的基础上开始变化的，$u(k)$ 传递给 M/A 块输入端 x，经选择开关送至输出端 y，并存入 $y(k-1)$，因此实现手动→自动的无扰切换。

最后分析状态(2)，当系统由自动切换成手动状态时，PID 变为跟踪状态。M/A 块输出在 $y(k-1)$ 的基础上改变，即上一时刻的输出，操作器的自身设计实现了自动→手动的切换。

在系统基本的无扰切换功能实现后，一般还会考虑更进一步的处理，如设定值的跟随和跟踪信号的选择问题。

（1）设定值的跟随。如前所述状态（1），在无扰切换设计中，系统由手动状态切换到自动状态时，PID 的输出 $u(k)$ 是在上一时刻值的基础上开始变化的，增加了 $\Delta u(k)$。因此切换时有 $\Delta u(k)$ 的变化量，若切换时刻的 $\Delta u(k)=0$，则手动切向自动时，PID 输出 $u(k)=u(k-1)+0=u(k-1)$，实现完全的无扰切换，一般使用如图 4-38 所示的方式进行设计。

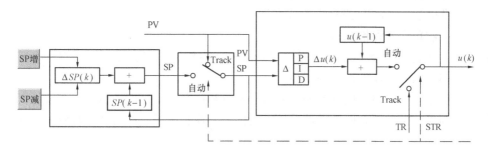

图 4-38　设定值跟随的程序原理

当系统处于手动状态时，通过切换开关使 PID 的入口设定值 SP 等于 PV 并将值送回 $SP(k-1)$。这样 $e=PV-SP=0$，$\Delta u(k)=0$。当系统由手动切至自动时，PID 运算输出 $\Delta u(k)=0$，$u(k)=u(k-1)+\Delta u(k)=u(k-1)$。因此，$u(k)$ 保持上一时刻输出，实现完全的无扰切换，SP 在 $SP(k-1)$ 的基础上开始变化。

（2）跟踪 TR 值的选择。图 4-39 所示的使用M/A块输出 y 作为反馈送入跟踪端 TR，在实际使用中，很多情况下使用执行机构的位置反馈作为跟踪输入。

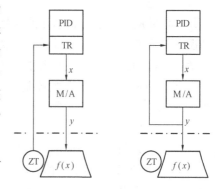

图 4-39　跟踪 TR 值的选择

使用位置反馈作跟踪能够更好地反映现场执行机构的实际情况。

第六节　过程控制站的工作状态与评价要素

一、过程控制站的工作状态

在分散控制系统中，过程控制站一般是冗余配置的，每个过程控制站可能处于下列状态：初始状态、主控运行状态、完全跟踪状态、部分跟踪状态、离线状态。处于主控运行状态的控制站一般称为主站，处于跟踪状态的控制站称为备用站，过程控制站面板指示灯和上位站的自诊断软件都能清楚地显示该站处于什么运行状态。

（1）初始状态。表示 LN-PU 中没有控制策略组态文件。如果 LN-PU 中没有下装组态文件，上电启动后自动进入初始状态，此时可以下装组态文件。下装组态文件后如果检测到主控站不存在，则自动进入主控状态，否则进入部分跟踪状态。

（2）主控运行状态。采集 I/O 模块数据，执行控制策略，通过 I/O 模块控制生产过程，向上位站发送实时数据，并向跟踪站发送备份数据。

（3）部分跟踪状态。主站运行正常时，后启动的控制站进入部分跟踪状态，即主站与备用站控制策略组态文件可能不完全一致。在部分跟踪状态下，可以接受在线下装。

（4）完全跟踪状态。主站运行正常时，后启动的控制站进入部分跟踪状态，从主站复制控制策略组态文件到备用站后，备用站进入完全跟踪状态。在完全跟踪状态下，可以接受在线下装。在线下装后，主站与备用站控制策略组态文件不完全一致，备用站又进入部分跟踪状态，此时如切换主/备用站，在线下装的控制策略将被执行。

（5）离线状态。LN-PU 没有上电或发生故障。

二、主控制单元的评价要素

目前，各知名的 DCS 厂家在过程控制算法的功能和使用方法等方面都相差不远，但在控制单元结构、软件性能等方面差别很大。

一个控制单元的能力与执行效率一般包括容量和速度两个方面的指标。在硬件资源（容量和性能）同等的条件下，由于软件设计上的优劣，控制单元的能力和运行效率会有很大的差异。

容量指标包含两个方面：I/O 容量和软件容量。

1. I/O 容量

I/O 容量是指单个控制单元能够接入的 I/O 点数。如常规的控制单元应能在不接扩展器的情况下接入 500 点以上。此外，更为细致的考核还应考虑同时接入模拟量的能力、同时接入开关量的能力或混合接入时各能接入多少。

比如采用某 DCS，每台主控制单元可挂接的 I/O 模块数量最多为 125 个，如果每个模块为 8 个通道，则可知主控制单元的 I/O 容量为 $125 \times 8 = 1000$（点）。如果每个模块为 16点，则主控制单元的 I/O 容量为 2000 点。实际应用中要考虑危险分散的原则和机柜信号电缆进线空间的限制，进行控制单元物理 I/O 点数配置。

需要指出的是，上面讨论的是主控制单元的物理 I/O 点数。也就是说以一个物理上的变送器或执行器作为一个点，而没有将通过运算或处理形成的中间量点计算在内。如果将中间量点计算在内，则主控制单元中的总点数将增加很多，一般可达到物理点数的 1.5～2 倍。主控制单元中的总点数被称为逻辑点数，一些专门出售控制软件产品的公司，不仅在软件中限制了物理 I/O 点数，也限制了每个站的逻辑点数。

2. 控制算法容量

控制单元的容量的另一方面是软件容量。所谓软件容量指的是每个主控制单元能装载多少个控制算法，可以以典型的控制回路（如 PID 调节回路数）或以开关量控制量作为参考因子分别考虑。

软件容量受限于主控制单元的三类 IC 器件的容量：①固态盘（SSD）的容量，主要用于保存用户编制的控制算法文件。②内存容量，用于运行程序的存储器。③掉电保持SRAM 的容量，用于保存系统运行过程中产生的实时数据。这三个容量中只要任何一个被突破，主控制单元一般就会死机，或者在程序编译时系统就会提醒用户容量超限制，表明主控制单元的控制算法不能再增加了。

一般情况下，当用功能块图的方式编制控制算法时，每页算法一般能容纳 20～30 个功能块，每个主控制单元的控制算法总页数一般小于 100 页，所以每个主控制单元最大的功能块数一般不超过 3000 个。在实际测试一个主控制单元的软件容量时，可以将主控制单元配置成物理点数为 500 点左右，并选择一个中等复杂程度的功能块，重复使用 2000～3000 次，如果运行正常，则表明主控制单元容量可以满足将来使用的要求。当然，有的软件可以手动或由系统本身自动计算出一个典型控制算法程序的容量大小，这时，可以直接对照主控制单元的上述三个物理器件的容量，就可以知道算法的容量是否超过限制了。

3. 速度

在 DCS 中，一般不直接讨论主控制单元的速度有多快，而是用"控制周期"这一概念来间接描述。主控制单元的控制周期的定义为：主控制单元循环调度执行一次完整的算法、通信和输入输出任务的周期时间。在一个控制周期中，主控制单元依次执行下列任务：I/O 数据输入、操作员指令输入、控制 I/O 数据输出、操作员站显示数据传送及空闲等待，直到开始进入下一个控制周期。

DCS 的主控制单元的控制周期一般可以由用户设定，最短的可以做到 50ms 一个周期，依次可以设定为 50ms、100ms、200ms、500ms、1s、2s 等挡位。控制周期只能反映主控制单元的程序调度周期，一般情况下，即使是主控制的软件容量能容纳下用户控制算法组态，当控制周期小到一定的程度时，主控制单元就可能无法在一个控制周期内执行完用户程序。如果要比较两种主控制单元的速度，可以用相同复杂程度的控制算法，然后比较两个主控制单元的最小需要的控制周期，就可以相对地知道两台主控制单元的快慢。

最后，之所以要讨论控制周期，还有一个因素，即数字控制系统因周期采样 I/O 信号，相对于模拟控制系统而言，存在一定的滞后性。经过理论和实践的证明，当控制周期足够小的情况下，采样的滞后性并不会对控制的品质造成任何影响，这个"足够小的"的控制周期的经验值一般为 200ms 左右。

4. 采集数据的分辨率

采集数据的分辨率是保障采集数据实时性、内部计算同步精度和事件分辨时间精度的重要因素，一般有以下特性：

（1）模拟量采集周期。系统应能按照变量的物理变化特性定义不同的采集周期，如流量、频率等快速反应的变量应设计得较小；而除尘采样周期、材料温度类型的变量，相应采集周期可以长一点。有的 DCS 系统可以定义最快为 50ms 的采集周期。

（2）开关量采集周期。周期也应分成两种：SOE 周期和常规开关量采集周期。如运行设备跳闸是一种快速连锁反应的信号，一般应以毫秒级记录跳闸的顺序（称为 SOE），便于分析产生事故的真正原因。这类开关量信号的扫描周期必须小于 1ms，或采用中断方式采集。而一般表示开关状态的开关量可以按照工艺要求定义稍长一点的采集周期。采集周期的大小，反应信号在相关事件发生（如报警）时的时间精度。有的 DCS 可以定义最快为 25ms 的采集周期。另外，如果输入变量要参与控制运算，则采集周期应与控制周期相匹配。

（3）控制运算周期。控制方案在主控制单元的运行一般是按周期进行的。控制方案的运行周期直接影响到控制的质量。一般，针对不同的工艺对象，应能根据不同的工艺特征和控制要求，设置不同的控制运算周期。如开关量运算周期，分成 25、50、100、125、250ms 等几挡，最快可达到 25ms；模拟量控制运算周期，可分成 50、100、125、250、500ms 等几挡，最快可达到 50ms。此外，系统还应具备在线根据工艺运行情况，动态修改控制周期或由工艺运行人员手动修改运算周期的能力。这样的设计可使得系统达到综合的最佳控制效率。

5. 主控制单元的负荷率

主控制单元的负荷率也是衡量主控制单元性能的一个主要指标，它的定义与控制周期密切相关，即

$$负荷率 = \frac{控制周期 - 空闲时间}{控制周期} \times 100\%$$

同样需要指出的是，离开具体用户程序的大小和具体的工况讨论负荷率也是没有意义的。在用负荷来评估主控制单元的综合性能时，只需要选择一个有代表性的控制算法程序所在控制站来测量就行了。一般的经验值是，只要平稳工况条件下主控制单元的负荷率小于40%，系统的设计就是合理的。

负荷率要衡量的是主控制单元平时究竟有多大比例的空闲时间，负荷率越小，表明空闲时间占控制周期的比例越大。追求合理的空闲时间，主要是为了能使系统在雪崩（Avalanche）状态下仍能胜任工作。在雪崩状态下，系统的数据量急剧上升，系统负荷最重。现场设备停电后又上电，但 DCS 没有停电的情况，就是一种典型的雪崩状况，这时候有大量的开关动作和大量的事件信息需要记录，通信时间在控制周期中的比重明显增大，导致主控制单元负荷率明显上升。

6. 控制算法的功能

DCS 的主控制单元中一般保存有各种基本的算法，如加、减、乘、除、PID、微分、PID 积分、超前滞后、三角函数、逻辑运算、伺服放大、模糊控制及先进控制等控制算法程序。这些控制算法有的在 IEC 61131-3 标准中已有定义，更大部分是 DCS 厂商多年行业经验积累下来的专有算法，这些专业控制算法的丰富程度、专业程度体现了 DCS 厂商在该行业领域的专业化水平。

三、主控制单元运行管理和维护能力

主控制单元中运行的数据是从工程师站组态后下装到主控制单元中的。一般主控制单元中，均提供静态随机存储器 SRAM，用来存储下装的数据和控制程序。数据和控制程序一次下装以后，如果没有变化，不应每次启动都下装。但实际上，大多数控制系统都不可能做到一次下装后再也不修改，系统在运行过程中总是避免不了对组态进行修改或在线进行参数修改等情况。这时，作为控制层软件，必须能够配合工程师站或操作员站的在线下装、参数整定和控制操作等功能，即运行管理和维护能力。

1. 控制系统数据下装功能

早期的 DCS 主控制单元中，都是将程序和数据写入 EPROM 中，如果修改了程序或数据，便要将 EPROM 模块从主控制单元上拔下，通过 EPROM 写入器擦除原有内容并重新写入新的程序和数据。目前大多数 DCS 系统都采用了 SRAM 来存储程序和数据。计算机系统通过网络就可直接下装程序和数据。计算机控制组态完成后，经过与数据库的联编成功后，便可通过下装软件下装到主控制单元中运行。

控制系统数据下装分为两种，一种生成全部下装文件，另一种生成增量下装文件。全下装是全部组态数据编译后进行的全联编，联编成功后，进行系统库全部下装，此种下装模式需要对主控制单元重新启动；增量下装是只下装修改和追加部分的内容，在主控制单元中将下装内容以一种增量方式追加在原数据库中。增量下装为一种在线下装模式，不需要停止主控制单元的运行，便可实现对控制方案的修改。

2. 在线控制调节和参数整定功能

算法组态时一般定义的是初始参数，在现场调试时，需要根据实际工况，对参数进行整定。另外，自动控制系统在调试期间，要配合手动调节措施。主控制单元中均提供操作员对控制回路进行手动操作，以及对控制参数进行整定操作。系统提供的控制调节功能是通过在流程图中调用操作窗口实现的，如 PID 调节器、操作器、开关手动操作、顺序控制设备及调节门等。

3. 参数回读功能

控制系统在线运行时，控制方案中的参数可能会在线修改，这种修改通过网络发送到主控制单元中。为了保持这种修改与工程师站组态的一致性，系统提供一种参数回读的功能，由工程师站请求主控制单元将运行参数读回到离线组态数据库中，以保证再次下装不会改变现场参数。

4. 站间数据引用功能——网络变量

一个主控制单元接入的信号是有限的，同一个信号在不同主控制单元的不同控制方案中要用到。或者，由于现场接线方便将信号接到了另一个主控制单元上，会出现所谓"站间引用"的现象，即从一个 DCS 控制站采集或产生的信号要送到另一个 DCS 控制站。如果一个 DCS 不能支持网络变量，即无法实现站间数据的引用，则对工程应用的设计有着非常大的影响。例如，为了保证信号在另一个站中使用，可能就要将一个信号通过硬接线引入到几个站，投入不必要的开销。或者通过上位机，将数据转发到另一个主控制单元，这样导致的结果是方案组态时，就必须知道信号所接入的主控制单元，另外数据的实时性也难以保障。DCS 主控制单元具备站间引用的功能，则方案组态时不需关注信号接入位置。数据在控制站间直接通信，保证数据实时性。

5. 主/备用控制单元同步

在 DCS 中，主控制单元的冗余结构主要采用主/备用双冗余的结构。当主控制单元正常运行时，由其输出控制命令，而备用控制单元虽然也在热运行（即也进行数据采集和运算），但并不输出控制命令。

采用该措施可极大地提高 DCS 连续运行的能力，所以，几乎所有的 DCS 应用，都必须配置双冗余的主控制单元。

在控制单元冗余配置的系统中，主/备用控制单元同时接收外部输入信号，装载的执行程序也相同，只要拥有相同的基础数据，运算输出就可以保持一致，只是由于相对定时的原因，输出时间会有差异，但不会超过一个执行处理周期（尽管从机实际不输出）。由于主/备用控制单元一般不能保证同时启动，因此主机要定时通过网络或专用信息通道向从机复制具有累计效应的中间数据，同步双机的基础数据。这种同步动作仍是建立在串行化基础上的，无论主机发送还是从机接收，均不能打断一个完整的计算过程。

四、LN-PU 过程控制站的特点

（1）控制站采用低功耗 CPU，无须风扇换热，极大地延长了使用寿命，提高了工作的稳定性，为提高系统可靠性提供了硬件保证。

（2）过程控制站有硬件看门狗并实现了进程级监控，解决意外死机的问题。

（3）数据广播采用独创技术，双网同时广播，实现了网络流量的均衡控制，避免了网络广播"风暴"现象。

（4）过程站同步采用双网冗余进行，避免了通过第三网络或平行电缆等单一通道同步方式的弊端。

（5）过程控制站与 I/O 模块间的通信网络采用了冗余配置 CAN 现场总线，提高可靠性。

（6）过程控制站能够在线或离线组态以及组态后在线下装，保证了系统可用率，节约了系统投入运行和维护的时间，为在现场调试、安装，以及为用户熟悉系统带来了方便。

数据的显示和操作——人机接口

第一节 操 作 员 站 概 述

一、人机接口连接方式

操作员站也称为运行员工作站，是 DCS 人机接口系统（Human Machine Interface，HMI）的主要组成部分，通过操作员站，操作人员能够完成对生产过程的监视和操作。

在采用 DCS 之前，操作人员对生产过程的监视和操作依赖于模拟过程控制仪表。在单元机组控制室中，人机接口主要由操作盘和操作台组成。监视功能依靠模拟显示仪表、记录仪表、报警仪表、巡测仪表等完成，操作功能主要依靠机械开关等完成。过程检测信号由现场变送器直接通过硬接线（电缆）方式连接到单元控制室内。过程控制信号也是直接通过硬接线（电缆）方式由单元控制室传送至生产现场的，如图 5-1（a）所示，控制室盘台与现场之间使用端子单元的电缆连接，传送过程中信号的形式不变。

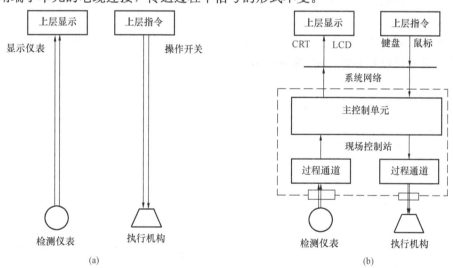

图 5-1 人机接口连接方式

（a）模拟过程控制仪表；（b）分散控制系统方式

在 DCS 中，单元控制室取消了绝大部分显示仪表和操作开关。显示功能由 CRT 完成，操作功能由键盘和鼠标完成。过程检测信号由现场变送器通过硬接线（电缆）方式连接到过程通道的输入端子单元上，经过 A/D 转换成数字信号，通过网络传送到主控制单元

（MCU）及 CRT 界面，最终在 CRT 界面上以数字及图形的方式显示出来。过程控制信号由操作人员使用键盘和鼠标在 CRT 界面上进行操作，产生的指令信号通过网络传送到主控制单元（MCU），在过程通道中经过 D/A 转换成模拟电量信号，经过程通道的输出端子单元，通过硬接线（电缆）方式连接到现场的执行机构上，完成操作功能，如图 5-1（b）所示。

二、操作员站的组成

操作员站由计算机硬件配以 DCS 厂商的人机接口软件组成，计算机硬件通常包括主机、显示器、键盘、鼠标及通信接口。早期的操作员站通常由分散控制系统生产厂商设计，配以专用的网络接口和专用键盘、鼠标等设备，不具备互换性。

随着计算机的普及和网络技术的发展，标准化技术也逐渐影响到 DCS 操作员站的硬件形式。当前 DCS 操作员站往往采用通用的计算机、通信接口和外设，DCS 厂家可以直接从市场上采购工业级计算机，配以厂家专用的人机接口驱动软件构成操作员站，减少 DCS 的开发环节，提高了产品的可替换性。从另一个角度讲，DCS 中计算机的开发工作转移到各计算机产品开发商，开发商更有实力和条件提高计算机的可靠性，而 DCS 厂商则会有更多的精力去完善软件的开发和测试。因此，合理的社会分工和细化也促进了 DCS 性能的提高。

一些 DCS 的操作员站配有专用的键盘，它与通用计算机操作键盘的功能和原理相似，只是在结构上更加坚固，功能键的数量更多，多具有明确图案或字符标志，按键的排列位置也有所不同，并带有防水、防尘等功能。专用键盘上的按键是根据系统操作的实际需要设立的，通常具有数字和字母输入键、光标控制键、画面显示操作键、报警确认和消音键、运行控制键、专用或自定义功能键等几类基本按键，这些按键在键盘上一般是按功能相似的方法分组排列的。

操作员站的软件一般包括操作系统和用于监控的应用软件，应用软件包括监控软件、趋势程序、报警管理软件、系统诊断软件、历史数据库软件、报表和记录等。

三、操作员站的结构形式

按照操作员站和现场控制站之间的数据通信方式，操作员在 DCS 结构中可以分为两种主要形式：分布式结构和客户机/服务器结构。

1. 分布式结构

分布式结构如图 5-2 所示。在这种结构中，操作员站通过各自的通信接口直接与控制网络 CNet-H 连接，收集控制网络中传递的实时数据并在界面中进行显示；操作员的操作指令

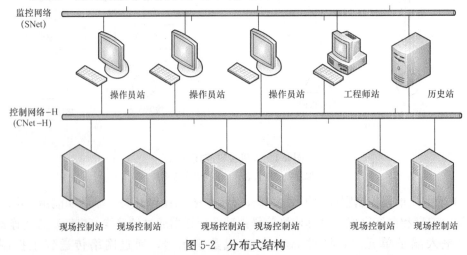

图 5-2 分布式结构

由操作员通过控制网络直接以指令报文的方式发往相应的现场控制站。系统各个操作员站点拥有所有的实时数据，冗余度较大，但对计算机硬件配置要求较高。

2. 客户机/服务器结构

客户机/服务器结构如图 5-3 所示。DCS 的实时数据由冗余的过程通信服务器采集，之后传送给操作员站、历史站，操作员站和历史站不与控制网络直接相连。操作员站的指令报文首先发送给通信服务器，然后再发往相应的现场控制站。系统的实时数据被集中在冗余通信服务器内，其任务是可靠地向所有操作员站提供数据，这种方式能更好地保证数据一致性，系统配置和管理方便。

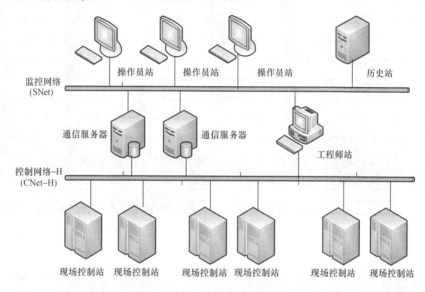

图 5-3 客户机/服务器结构

操作员站的数目是根据单元机组最坏情况下要求有多少操作员同时操作而决定的，如启停机过程时操作需要处理大量的信息，多个设备需要同时操作，因此需要较多的操作人员。最紧急情况下需要同时操作的计算机数目是操作员站配置的下限。在操作员站层面上，各操作员站的硬件配置和软件内容都是一样的，只是依据不同的操作员的操作范围不同，而处理不同的工艺流程，从可靠性角度上来讲，都是相互冗余的。

第二节 监控画面

一、监控画面的类型

操作员站的监控画面通常有由下几种画面类型构成。

1. 主菜单画面

是画面系统中最高一层的显示，或称总貌图，显示系统的主要结构，运行操作人员可以从主菜单开始切换到下一层画面，如图 5-4 所示。

2. 工艺流程画面

将电厂生产流程以图形化的方式显示，生产实时数据显示于相对应的设备旁，运行人员的监视和操作更加直观，如图 5-5 所示。

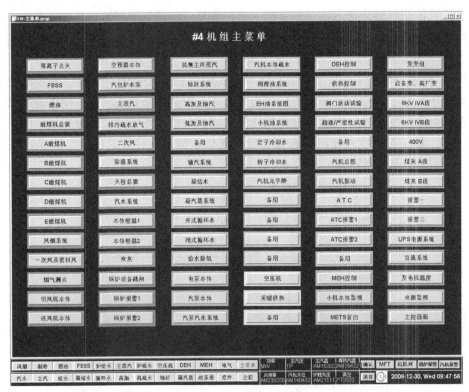

图 5-4　主菜单画面

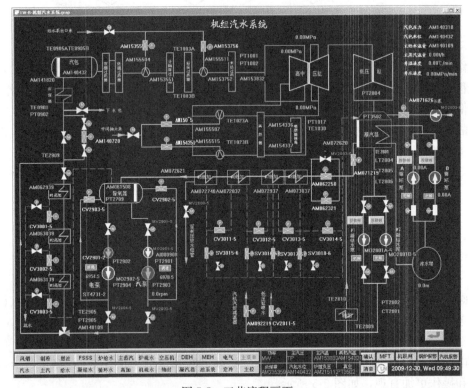

图 5-5　工艺流程画面

3. 组画面

在实际应用中为了便于监视，往往将生产过程相关的参数、报警、状态显示等信息以成组的方式集中在一起，如图 5-6～图 5-8 所示。

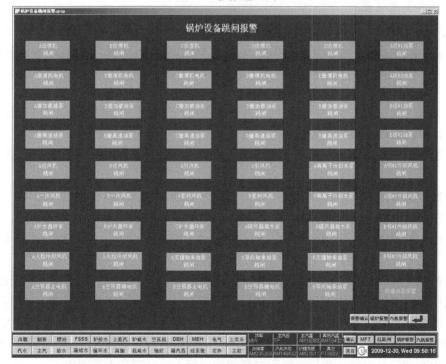

图 5-6 参数组画面

图 5-7 报警组画面

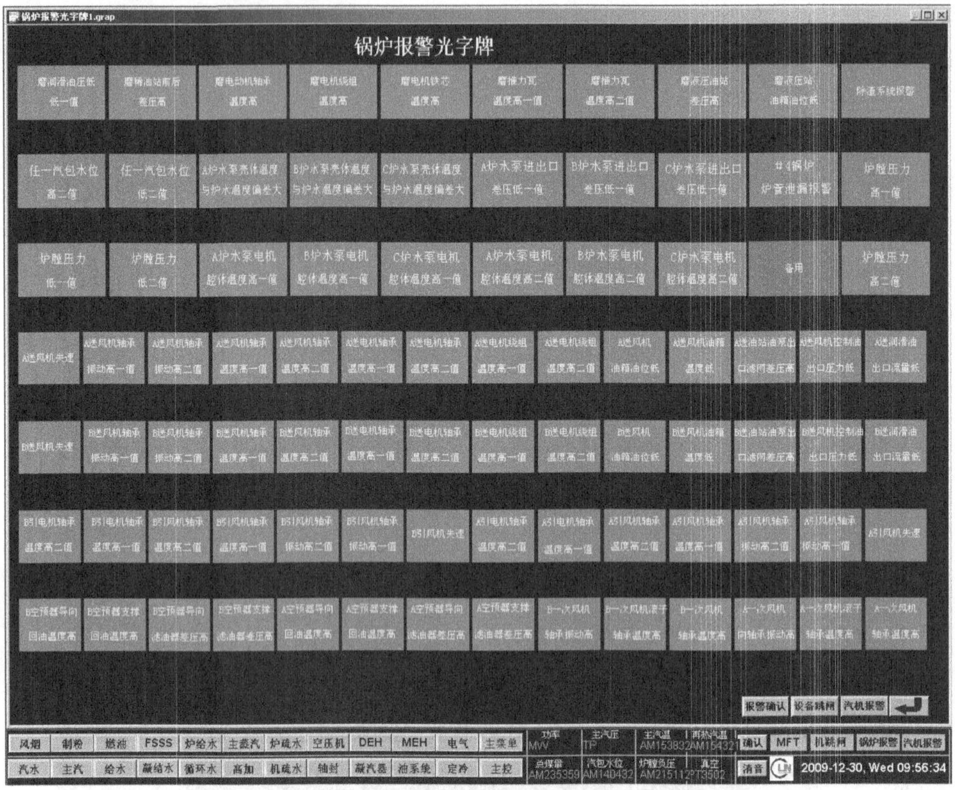

图 5-8　光字牌画面

4. 设备操作类画面

设备操作类画面是 DCS 监控画面中重要的画面形式。运行人员对生产过程的设备启停，重要过程参数的调节等都需要在这类画面进行。这类画面通常以弹出窗口的形式出现，运行人员通过键盘操作或鼠标点击流程画面中的某个动态显示单元后，即可弹出操作类画面进行操作，任务完成后关闭弹出窗口，如图 5-9 所示。

根据被操作设备的类型，画面可分为调节器画面、模拟量操作器画面、开关量操作器画面、顺控设备画面等，如图 5-10 所示。

为了便于操作，可以将一些操作类画面成组在一起，构成操作器组画面，如图 5-11 所示。

二、监控画面的设计

电厂生产过程需要监视流程画面较多，一般采用分级的方式将生产工艺流程由粗到细进行显示。操作员可以从总貌画面开始，配合画面提示按钮或菜单，使用键盘或鼠标逐级显示。

操作员站的画面结构主要有两种方式，固定关系和非固定关系。固定关系的画面是指在操作员站中规定了画面的类型和结构，把画面按照不同的范围划定为不同级，之间有隶属关系，顺级调用很方便，结构性强，缺点是组织得不够灵活，如图 5-12 所示。非固定关系的画面结构中，画面之间的关系完全由画面上所设计的画面调用按钮来决定。常用的方法是将这两种结构画面结合起来，在每幅画面中都能使运行人员回到列表画面中。

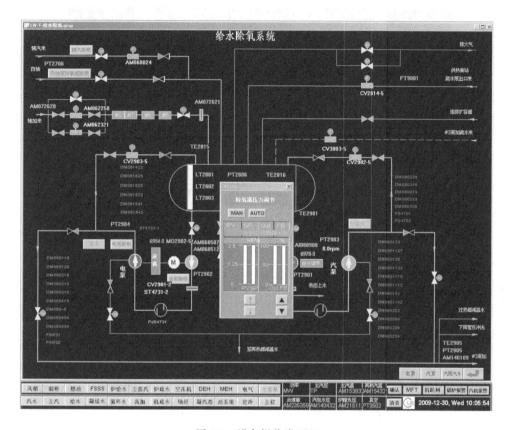

图 5-9　设备操作类画面

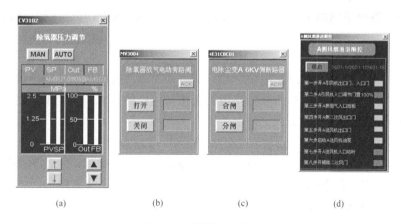

| (a) | (b) | (c) | (d) |

图 5-10　操作设备类型

（a）MCS 操作窗口画面；（b）SCS 操作窗口画面；

（c）ECS 操作窗口画面；（d）顺控设备画面

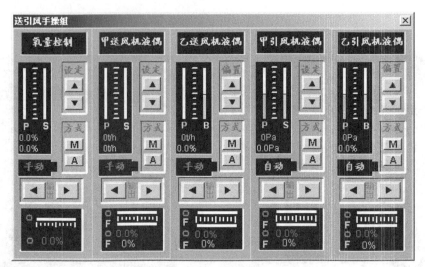

图 5-11 操作器组

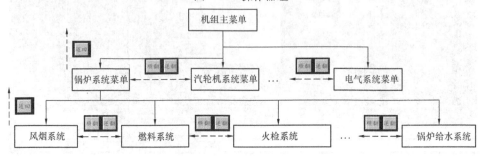

图 5-12 画面分级结构

三、LN2000 系统操作员站监控软件

在 LN2000 系统主画面中单击"操作员监控"按钮，进入操作员监控主画面，如图 5-13 所示。

1. 操作

在监控软件中，当光标移动到按钮、热点等可切换画面或弹出窗口的工具上时，光标会变为一只小手的形状。这时，单击鼠标左键就会执行相应的操作。各个画面之间的切换及窗口的弹出在图形组态软件中定义。

2. 点信息查询

当要查询某一点的详细信息时，可以用右键单击该点，将弹出该点的对话框（如图5-14所示）。如选择查询点信息则弹出图 5-15 所示的窗口，如果选择快捷趋势则将此点加入到趋势画面中，可查询相应时间段内数据点的历史和实时变化趋势。

3. 底图浏览

单击右键，选择"底图浏览"（如图 5-16 所示），可以查看 Graph 目录下所有底图，选中某一底图，按下确定按钮，就可以切换到该图的监控画面。

4. 导航图

单击右键，鼠标单击屏幕左侧灵敏区，自动弹出导航菜单（如图 5-17 所示），选择系统菜单然后点击，监控画面切换到对应系统流程底图画面。

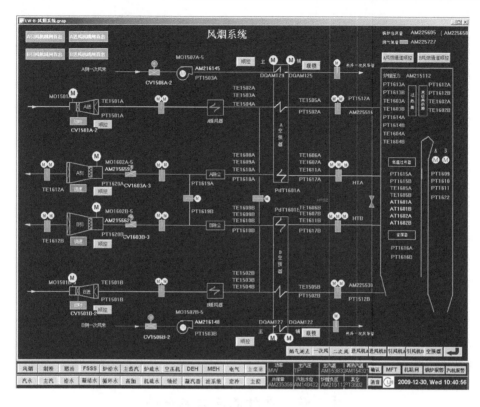

图 5-13　操作员监控主画面

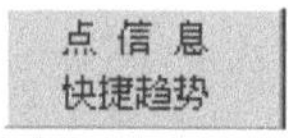

点 信 息
快捷趋势

图 5-14　点信息查询右键菜单

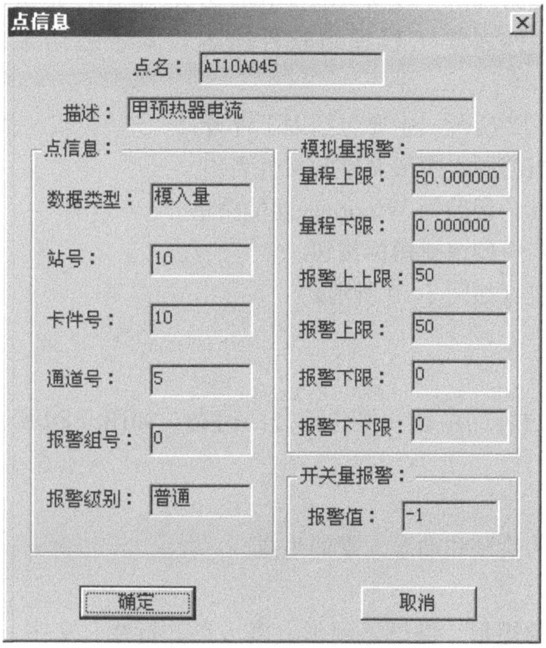

图 5-15　"点信息"对话框

图 5-16　"底图浏览"对话框

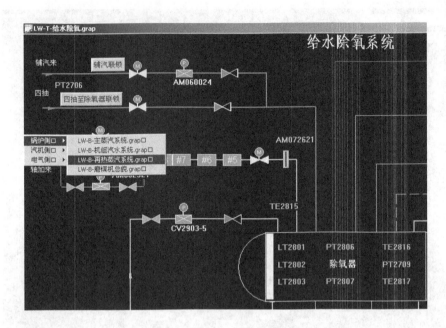

图 5-17　操作员监控系统中导航菜单

第三节　监控画面组态软件

DCS 都提供一个图形组态工具软件，用以绘制操作员监视和操作所需要的各种总貌图、流程图、操作器等图形。图形组态工具软件是基于 Windows 或 Unix 操作系统平台上的应用程序，它为用户提供基本的绘图操作，并将图形中的图元与实时数据进行连接以实现动态显示。图形界面组态软件属于工程师站软件内容，其组态结果应用于操作员站显示。

LN2000 系统中，图形组态编辑环境如图 5-18 所示。主要包括以下部分：

（1）标题栏。显示图形组态软件的名称和当前所绘图形文件的文件名。

（2）功能菜单栏。文件、编辑、显示、工具、帮助等 Windows 功能菜单。

（3）工具条。对菜单中的某些功能列出的相应的快捷图标按钮。

（4）工具箱。提供绘图时所使用的工具按钮（如图 5-19 所示）。

（5）调色板。绘图时使用的颜色选择板。

（6）工作区。用来组态编辑图形的工作区域。

图形组态主要包括两大部分的内容：显示内容的组态和操作部分的组态，如图 5-20 所示。

一、显示内容的组态

对于显示内容的组态，主要包括静态图元的绘制和动态元素的生成。

1. 静态图元的绘制

（1）基本图元绘制工具。直线、矩形、圆角矩形、椭圆、扇形、多边形、折线、文字、时针。

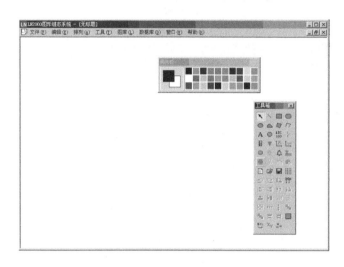

图 5-18　图形组态编辑环境

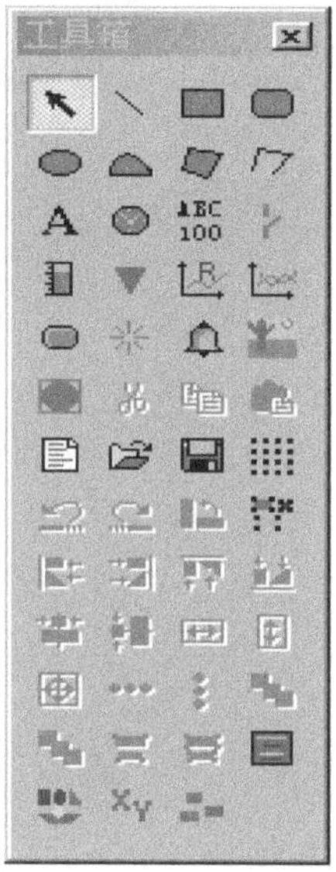

图 5-19　工具箱

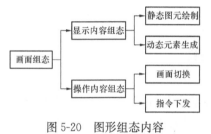

图 5-20　图形组态内容

（2）基本的图元编辑工具。包括选中、画面属性、剪切、复制、粘贴、新建、打开、保存、对齐网格、撤销、重复撤销、翻转、全选、左对齐、右对齐、上对齐、下对齐、水平居中、垂直居中、等宽、等高、等大小、水平等间隔、垂直等间隔、图元前移、图元后移、成组、分裂。

（3）图库的应用。为方便图形组态，提供了图库功能，将常用的阀门、管道等图元存储于图库中，绘图时直接使用，而不必重画。

在这些工具的帮助下，用户能够很方便地完成静态图形的绘制，操作与通用绘图软件类似。各不同 DCS 厂家的图形组态软件基本都包括这些内容。

2．动态元素的生成

对于 DCS 来说，更重要的图形组态功能在于图形动态元素的生成，包括基本图元动态属性的添加与动态图元的绘制。

（1）基本图元动态属性的添加。DCS 组态软件提供丰富的动态属性连接，其基本方法是将数据点的实时值与基本图元连接起来，并根据数据点实时值的变化而改变基本图元的状态。

图元状态的改变主要包括颜色变化和位置变化。在 LN2000 系统中相对应的组态方式为颜色连接和动态连接，颜色连接指改变图元的颜色，动态连接则使图元移动、隐藏、闪烁等。所针对的图元主要包括直线、矩形、圆角矩形、椭圆、扇形、多边形、折线等，所连接的点也分为模拟量连接点和开关量连接点。

这里简要介绍以模拟量连接为主的改变颜色动态属性的添加，详细的实现方式和效果可参考 LN2000 软件说明书内容。

改变颜色的模拟量连接是指将图元所连接的模拟量数值分为若干区间，对应不同的颜色显示。实时数据落在哪一个区间，则显示对应的颜色，用户根据需要确定数据区间的划分并

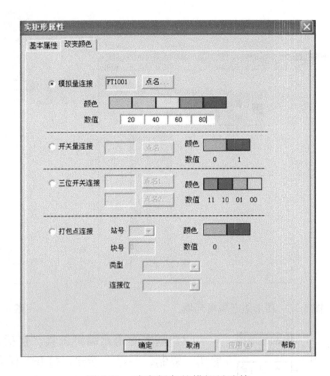

图 5-21　改变颜色的模拟量连接

分配相应的颜色。

如选择修改基本图元的填充色，点中模拟量连接右侧的点名按钮，选择要连接的模拟量点。变量数值有 4 个，对应颜色有 5 个。如图 5-21 所示，当模拟量点 FT1001 的值小于 20 时，图元填充色显示绿色。当 FT1001 的值大于 20 小于 40 时，图元填充色为蓝色，依此类推。

（2）动态图元的绘制。动态图元主要包括动态数据点显示、棒图、指针等，其本身就是动态的图元。

1）数据点显示包括模拟量点和开关量点，在画面中数据显示实时变化。

2）棒图可以直观地显示数据的大小，如水位的高低，也经常用于给定值和过程值的比较。

3）指针可以模拟常规仪表盘的显示，使画面更生动。

二、操作部分的组态

对于操作内容的组态，主要图元为按钮和热点，按钮以显式的方式提供给操作员使用，热点以隐式的方式提供给操作员使用。

按钮和热点的连接对象分别为 HMI 和 DPU 两大类，也可以认为是画面切换和指令下发两种主要形式。

1. 连接 HMI

对 HMI 的操作对象是相连接的另一幅图形，在画面组态软件中建立起各图形之间的联系，这样可以完成显示指定图形、弹出操作窗口等操作，从而实现上下页的切换、操作器的弹出、画面的调用等功能，如图 5-22 所示。

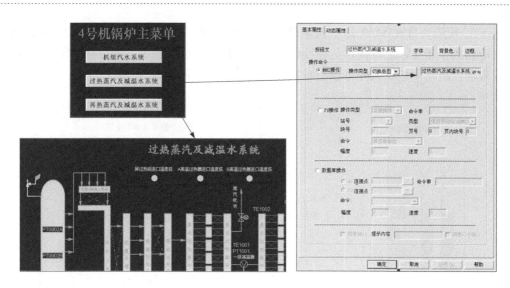

图 5-22　连接 HMI

首先将所需要监视和操作的流程图、参数表、菜单、操作器界面等全部绘制完毕，之后依据画面之间的关系，在图中添加连接按钮，以实现画面的切换。

2. 连接 DPU

操作对象是 DPU，对选定的 DPU 发出操作指令，完成操作器输出、设定值置数、报警响应等操作。

LN2000 中 DPU 操作算法块类型分为模拟手动站 ANMS、设定值 SETPOINT、数字手动站 DGMS、数字设定值 DSETPOINT、设备驱动 DEVICE、扩展模拟手动站 ANMSEX。

修改模拟量输出（设定值算法块输出，模拟手动站输出）时有以下两种命令方式：

（1）点击式。操作员在两个下位运算周期内完成按下与弹起操作，下位对输出增加一次设定幅值（该幅值可以为负数）。

（2）持续式。操作员按下按钮超过两个下位运算周期后，下位对输出在增加一次设定幅值的基础上，以设定的速度进行连续增加（速度设定值可以为负数）。

在 LN2000 系统中，对 DPU 的操作指令在组态按钮时生成，形式为字符串。与 SAMA 组态图中相应的功能块对应。当操作按钮时，该命令字符串通过系统网络下发至相应的 DPU 站点。DPU 接收后，对字符串进行翻译，修改对应的 SAMA 功能块中的参数，从而计算得到该模块的参数变化值，完成操作任务。

例如 MSP 指令，修改模拟量设定值 SP。格式为 MSP n_1 n_2。操作员下发该指令，使设定值输出增加指定大小。如果是点击式操作，增加 n_1；如果是持续式操作，则按 n_2/s 的速度增加。n_1 和 n_2 必须同时为正数或者同时为负数，数值由按钮组态界面设定或修改，修改后的值在命令串框内显示。

应用格式举例如下：

（1）MSP＋1＋5。表示点击式使 SP 增加 1 单位值，持续式使 SP 按 5 单位值/s 速度增加。

（2）MSP－1－5。表示点击式使 SP 减少 1 单位值，持续式使 SP 按 5 单位值/s 速度减少。

图 5-23 所示为修改 M/A 站中设定值（SP）的过程。首先通过工程师站组态软件将按钮与对应的指令连接，之后操作员在操作中，监控软件生成该指令，通过网络下发到现场控制站，现场控制站中运算软件将该指令执行，从而改变了模块的 SP 值。

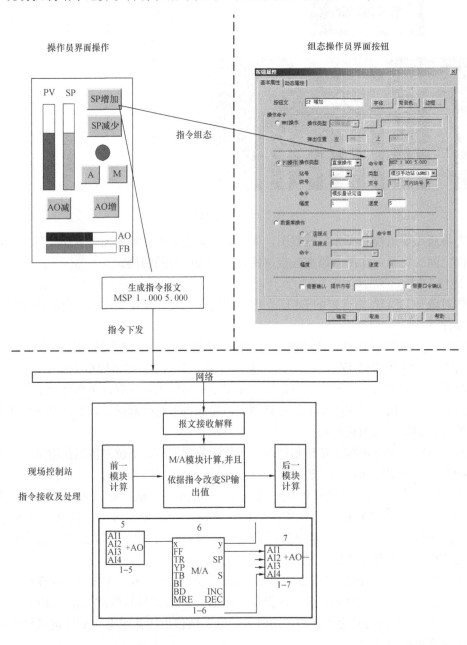

图 5-23 修改 M/A 站中设定值（SP）的过程

在 LN2000 系统中，能够接收命令字的算法块包括模拟手动站（ANMS）算法块、设定值（SETPOINT）算法块、PID 算法块、数字手动站（DGMS）算法块、数字设定值（DSETPOINT）算法块、数字设备驱动（DEVICE）算法块及扩展模拟手动站（ANMSEX）算法块。

第四节　趋势曲线显示

一、概述

趋势曲线包括实时趋势曲线和历史趋势曲线，是可进行多数据点显示的曲线形式。

实时趋势是程序从系统数据库中读取数据点信息、接收实时广播数据、画出曲线，从而实时显示数据点的变化趋势。一般情况下，实时趋势曲线不太长，刷新周期也较短。实时趋势通常用来观察某些点的近期变化情况，在整定调节器控制参数时更为有用。

历史趋势是程序从历史数据库里读取数据点信息，并从历史库数据文件中读取数据，显示指定时间区间的变化趋势。历史数据文件是一种长期记录，通常用来保存几天或几个月甚至更长时间的数据。

趋势画面的最大用处是数据分析。一方面是事故后对相关信息的回溯，这时事故已经发生或处理完毕，调用历史趋势画面是为了分析事故发生过程中各变量的变化关系；另一方面是在系统平稳运行时，为进一步提高控制水平而进行的控制回路参数调整，或观察相关设备参数之间的变化关系，调用实时趋势画面进行分析。

二、新建趋势显示

启动 LN2000 系统中趋势程序以后，下拉主菜单上的"文件"，单击"新建"项，或者单击工具条上的"　"，或者运用快捷键 Ctrl＋N，就会出现选择趋势类型对话框（如图 5-24 所示）。选择趋势类型（实时趋势或者历史趋势），然后单击"确定"，生成新的趋势组显示（如图 5-25 所示）。

趋势曲线分为实时趋势曲线和历史趋势曲线，他们都是以趋势组的形式出现的，每个趋势组最多有 8 个趋势点，构成多文档程序中的 1 个文档。

实时趋势组和历史趋势组的属性编辑和画面显示基本相同，它们的主要不同之处在于以下几个方面：

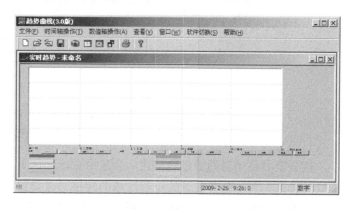

图 5-24　选择趋势类型对话框　　　　图 5-25　新建的趋势组画面（实时趋势）

（1）实时趋势组需要选择实时趋势范围，而历史趋势组需要选择历史趋势的起始时间和历史趋势时间范围。

（2）实时趋势组中的趋势点从系统数据库中选取，而历史趋势组中的趋势点从历史数据库中选取。

（3）实时趋势接受实时广播数据，实时显示趋势点的变化趋势，因此，实时趋势曲线是实时动态刷新的。而历史趋势在历史数据文件中读取数据点值，显示指定区间内的趋势点的变化趋势。

三、趋势组定义

趋势组的定义是对趋势组定义对话框进行编辑来完成的，由于实时趋势组和历史趋势组存在上述的不同之处，它们的趋势组定义对话框的界面和属性编辑操作会稍有不同。

实时趋势组定义对话框如图 5-26（a）所示，该对话框中的"历史趋势"的"起始时间"和"时间范围"处于不可用状态，这是因为，此时是对实时趋势组进行编辑；同样，对历史趋势组进行编辑时，如图 5-26（b）所示，"实时趋势范围"项处于不可见状态。

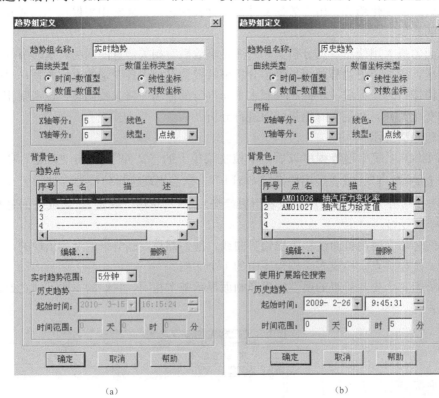

（a）　　　　　　　　　　　　　（b）

图 5-26　趋势组定义对话框

（a）实时趋势组；（b）历史趋势组

趋势组名称是对趋势组的描述，会显示在标题栏上。曲线类型和数值坐标类型决定趋势曲线的形式。显示趋势曲线的矩形区域的网格通过设置"X 轴等分"、"Y 轴等分"、"线色"和"线型"来编辑。单击"线色"后面的矩形区域弹出颜色选择对话框（如图 5-27 所示），可以改变网格线的颜色；同样，通过单击"背景色"后面的矩形区域弹出颜色选择对话框，可以改变显示趋势曲线的矩形区域的背景色。

每个趋势组最多可以选择 8 个趋势点同时显示，趋势点列表框中显示出这 8 个趋势点的名称和点描述。如果某项尚未加入趋势点，那么以虚线表示。选中趋势点列表框中的某一项，然后单击"编辑…"按钮，或者直接双击趋势点列表框中的某一项，弹出趋势点定义对话框（如图 5-28

所示）。其中"点描述"和"单位"编辑框处于不可用状态。这是因为，无论是实时趋势点还是历史趋势点，都是对应于系统数据库中的数据点（历史数据库中的点是从系统数据库中选取的），趋势点名称一旦确定，点的描述和单位就确定了，无需再进行编辑。

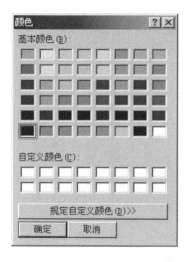

图 5-27　颜色选择对话框

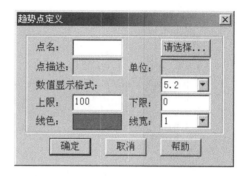

图 5-28　趋势点定义对话框

按下"请选择…"按钮，弹出选择趋势点选择对话框，实时/历史趋势点选择对话框中包含系统数据库中的所有点（如图 5-29 所示）。

在趋势点定义对话框中可以设置趋势曲线的"数值显示格式"、"上限"、"下限"、"线色"和"线宽"，"线色"等内容。

四、趋势组画面显示

实时趋势组和历史趋势组的显示画面基本相同，下面分别对他们的显示画面进行了详细

图 5-29　数据库浏览

的标注。

1. 实时趋势组显示画面

实时趋势组显示画面及标注如图 5-30 所示。

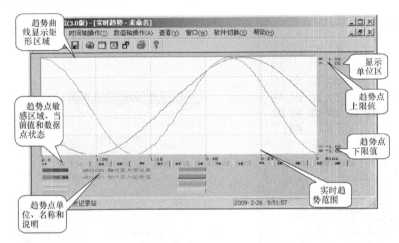

图 5-30　实时趋势组显示画面及标注

2. 历史趋势组显示画面

历史趋势组显示画面及标注如图 5-31 所示。

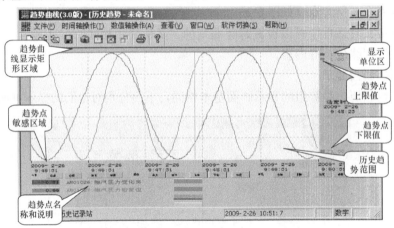

图 5-31　历史趋势组显示画面及标注

第五节　报 警 管 理 软 件

一、概述

所谓报警管理就是按照一定的规律去处理报警信息，其根本目的是使运行人员能够及时发现问题、快速正确地处理问题并可靠记录处理的全过程。

在 DCS 应用之前，一般使用报警光字牌形式实现声光报警功能，DCS 中的报警管理软件负责完成这个工作。报警一般根据其重要程度进行分类，采用不同的级别描述、不同的颜色显示和不同的声音提示等。报警还可以按性质分为过程报警与系统报警，过程报警指过程变量出现异常情况，系统报警指 DCS 设备出现故障。

LN2000 系统在数据库组态软件中对过程变量的报警处理方式进行组态，如图 5-32 所示。

报警可以按时间先后、报警变量的标签名称等特征来分类或排序，使运行人员能够方便地注意到某些特征的报警。一般的报警管理软件都提供的报警按类过滤的功能，使其只显示具有一定特征的报警量。因为一个运行人员在一定时间内能响应的报警量是有限的，过多的

图 5-32 过程变量的
报警处理方式组态

报警同时呈现给运行人员会使他抓不住重点，因此，应通过分类和过滤的手段使运行人员总能处理最需要及时处理的报警。

二、LN2000 系统报警管理软件

LN2000 系统报警管理程序包括实时报警和历史报警两项，可以在文件菜单中进行切换显示。

实时报警的功能是将实时数据中的报警点显示在报警栏中，并有各种过滤条件，可以将符合过滤条件的报警滤出，报警界面如图 5-33 所示。

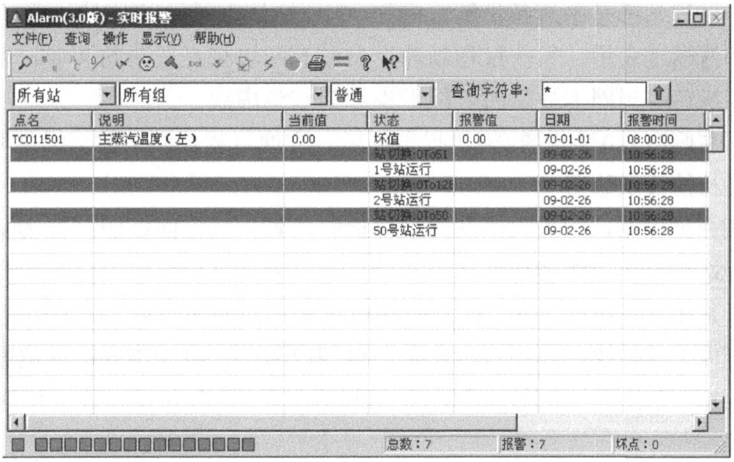

图 5-33 报警界面

历史报警设定查看历史报警的起始和终止时间，将历史报警文件中位于起始终止时间之间的报警显示在报警栏中。

第六节 系 统 诊 断

系统自诊断程序用来监视整个 DCS 中上位的操作员站、工程师站，以及下位的过程控制站（LN-PU）、CAN 网、模块、数据通道的所有状态，并以图例的方式清晰地显示出站的在线、离线，站网卡的通断，过程站的主从站状态，CAN 网两个网段的通断，模块上通道的好坏等状态，为用户掌握系统运行状态提供充足的实时信息。

一、LN-PU 站自检

在 LN2000 系统启动的主画面下，单击"系统诊断"，进入系统诊断的主界面，如图

5-34所示为自检的站诊断界面。

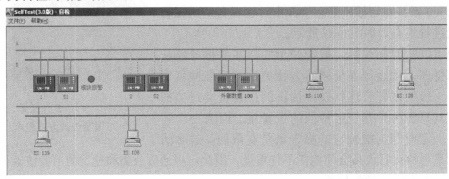

图 5-34　自检的站诊断界面

自检程序读取数据库，将过程站和上位操作员站、工程师站（带 IP 地址标示号）显示出来，并自动进行排列。两个网段用两条折线表示，绿色代表 A 网段，蓝色代表 B 网段，两个网段互为冗余。每个过程站、操作员站、工程师站都有两块网卡分别连接在两个网段上，以实现网络冗余。

下位的每个过程站都是主从备份的，例如 51 号站是 1 号站的从站。主从站的状态可以由菜单上的图例清晰地表示。每一过程站和上位站有两块相互冗余的网卡，当网卡工作正常时，网卡连线为绿色；当网卡故障时，网卡连线为红色虚线。

过程控制站右侧有 CAN 报警/模块报警提示，方便过程控制站数据异常时的判断处理。

二、系统自检的模块诊断

鼠标双击某一过程站，则进入该站的模块诊断信息，其界面如图 5-35 所示。

所有该过程站的模块按物理地址从 1 开始自动排列。自检窗口中显示的模块位置与控制柜内模块的位置是相互对应的，A、B 为控制柜正面模块布置，C、D 为控制柜背面模块布置，如果控制柜内无某模块则自检显示此位置也相应为空。由于该系统下位通信采用的是双路 CAN 总线网络，所以每个模块与 CANA 网和 CANB 网的 A 口、B 口相连。从模块诊断

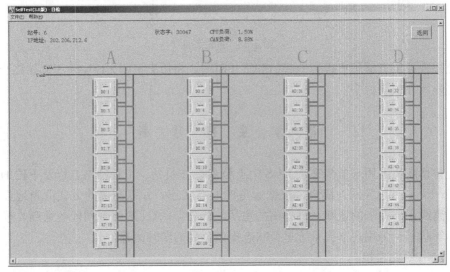

图 5-35　系统自检时的模块诊断界面

画面上可以清晰地了解各个模块的状态，工作时一网工作，另一网处于冗余状态。

（1）CPU 负荷。显示当前所选过程控制站的 CPU 的负荷率。

（2）CAN 负荷。显示当前过程站内 CAN 网上的通信负荷。

当鼠标左键单击屏幕左上角的"返回"按钮时，画面返回到站诊断界面。

三、系统自检的数据通道诊断

鼠标双击某个模块，弹出该模块的所有通道的状态信息窗口，如图 5-36 所示，列出了该模块上所有数据点的诊断信息。此外，系统还以 16 进制的形式，给出了该模块的物理地址。如图 5-36 所示的"0X04"地址代表的是第 4 号模块。

四、图例

选择"帮助"菜单中的"图例"命令弹出图例窗口（如图 5-37 所示）。图中标明了各种站图例和 CAN 网图例。

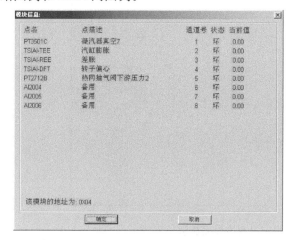

图 5-36　模块信息窗口

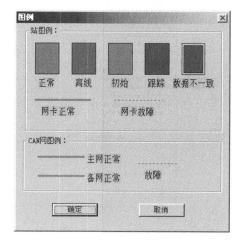

图 5-37　图例窗口

（1）过程站 LN-PU 的状态包括正常、离线、初始、跟踪和数据不一致，共五种状态。

（2）以太网网卡状态有正常、故障两种。

（3）CAN 网状态有主网正常（绿色）、故障（红色点线）、备网正常（蓝色）三种；

第七节　历史数据记录与报表

历史数据记录软件一般安装于历史站中，主要用于历史数据的收集与存储。历史数据收集软件收集实时数据并存档形成历史数据文件，包括模拟量和开关量。数据的测点名称及采集周期在组态软件中定义。历史站是 DCS 中的重要组成部分，通常历史站还具有记录和报表处理功能。

记录与报表是将信息归档的两种形式。记录是针对事件而言的，当 DCS 或工艺过程中发生某些事件时，记录下该事件供今后查找故障原因或总结经验使用。报表是按照某种规律（通常是以时间为参考），从历史数据库中提取数据，进行分析和统计。

一、LN2000 系统中的历史数据记录程序

LN2000 系统中的历史数据记录程序（Hisstart. exe）的作用是根据数据库对变量点的

设置，收集数据库中所有变量点的数据，并将数据按照时间存于该机 LN2000 系统目录中 hisdata/rec 文件下，同时还负责接收网上所有操作员站、工程师站的操作信息记录，并将此信息存于 hisdata/optrec 文件下。使用 Eventlist.exe 程序可以查询记录内容。

历史站 Hisstart.exe 使用时自动最小化，如果选中单击则显示如图 5-38 所示的及时显示数据保存盘时间、操作员站或工程师站的操作情况。

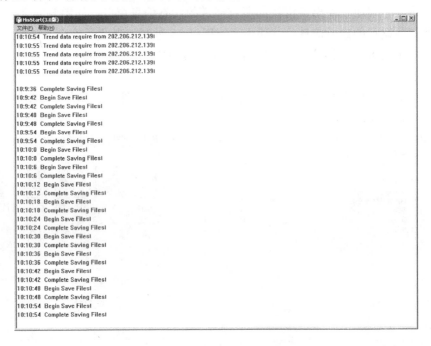

图 5-38　历史数据记录程序界面显示

二、记录

记录一般分为两种形式：随时记录与事件触发记录。随时记录是要记录下一般性的问题或操作，如同"流水账"一样供事后分析。事件触发记录是根据某个事件的发生才被激活的记录。

记录在 LN2000 系统中由事件列表（EventList）程序实现，分以下两种情况：

（1）操作员操作记录显示报表。

（2）SOE 事故追忆报表显示。

打开 EventList.exe 程序，显示如图 5-39 所示的界面。如果显示调用 SOE 事故追忆则在图 5-39 的选择报表类型中选择"SOE"，然后选择调用时间段。单击显示事故发生先后顺序（毫秒排序），报表格式只能浏览打印设置及打印，不能修改，如图 5-40 所示。

如果调用操作员操作记录则选择"OPT"格式然后选取时间段显示即可，格式同 SOE，如图 5-41 所示。

三、报表

报表程序的主要功能是将历史站收集的数据进行必要的计算，然后将数据以各种报表的形式提供给运行人员及管理人员。通常的报表是按一定时间间隔进行的，如每小时、每班、每天、每周、每月，统计出一些关键变量的值，用于分析、考评、统计等。

LN2000 系统报表管理程序（REPORT.EXE）是多文档程序，每个文档包含一个报表

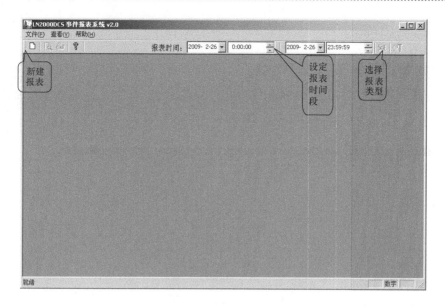

图 5-39　事件列表打开界面

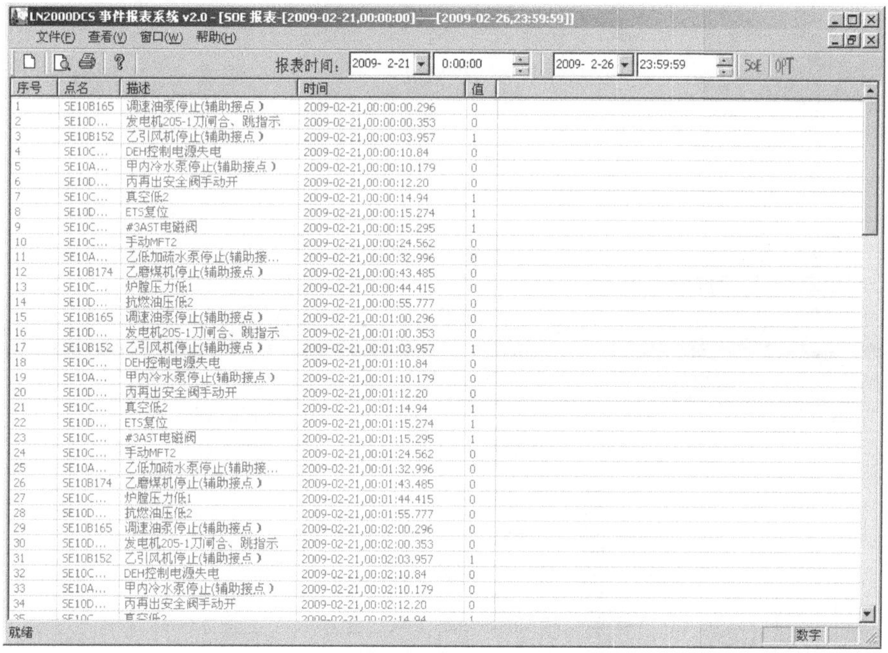

图 5-40　事件列表 SOE 显示画面

组态信息和报表数据，并分别保存成报表组态文件和报表文档文件。

报表属性主要有数值量的实时值、最大值、最小值、累计值、平均值，以及逻辑量的实时值、0 次数、1 次数、跳变数。

报表组态编辑界面如图 5-42 所示。

报表显示的主体是一个表格，按列依次是报表的点名、点描述、属性（最大值、最小值等），报表值的单位，以及报表中各显示值的对应时间，如图 5-43 所示。

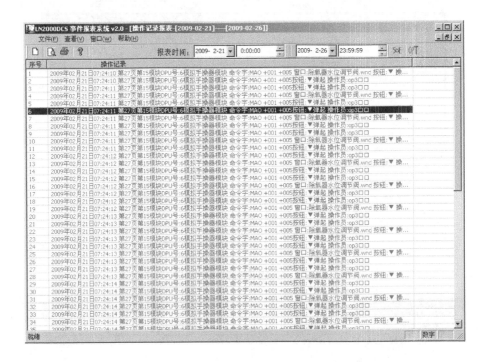

图 5-41 事件列表操作记录显示画面

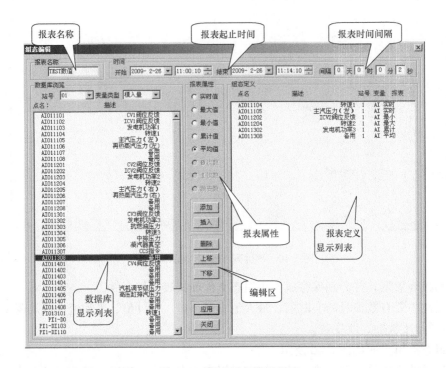

图 5-42 报表组态编辑界面

报表 - [TEST数值—FileName:未保存]

文件(F) 报表(R) 查看(V) 窗口(W) 软件切换(S) 帮助(H)

点名	描述	属性	单位	0226 11:0...	0226 11:0...	0226 11:0...	0226 11:0...	0226 11:0...	0226 1
AI011104	转速1	实时	rpm	0.00	0.00	0.00	0.00	0.00	0.00
AI011105	主汽压力（左）	实时	MPa	0.00	0.00	0.00	0.00	0.00	0.00
AI011202	ICV2阀位反馈	最小	%	0.00	0.00	0.00	0.00	0.00	0.00
AI011204	转速2	最大	rpm	0.00	0.00	0.00	0.00	0.00	0.00
AI011302	发电机功率3	累计	M...	0.00	0.00	0.00	0.00	0.00	0.00
AI011308	备用	平均		0.00	0.00	0.00	0.00	0.00	0.00

就绪 数字

图 5-43 统计报表显示界面

数据的传递——通信网络

数据通信是 DCS 的重要组成部分之一，它将生产过程的检测、监视、控制、操作、管理等各种功能有机地组成一个完整实体。

LN2000 分散控制系统中，数据在设备间的传送主要包括以下方面：

(1) 现场设备与过程通道之间的数据传送。

(2) 过程通道与主控制器之间的数据传送。

(3) 主控制器与监控级设备（包括操作员站、工程师站、历史站等）之间的数据传送。

(4) 主控制器之间的数据传送。

(5) 监控级设备之间的数据传送。

(6) 监控级设备与管理级设备之间的数据传送。

第一节 通 信 网 络

在 DCS 中，数据通信必须满足过程控制可靠性、实时性和广泛的适用性的基本要求，这需要借助通信设备来实现。以微处理器为基础的 DCS，以分散的控制功能适应现场分散的过程对象，以集中的监视和操作管理达到信息综合与全局管理的目的。要使 DCS 的各个组成部分有机地连接起来，形成一个协调的整体，实现数据的传输和信息的交换，必然涉及通信网络的问题。

一、通信网络的概念

计算机的通信网络，是将地理位置不同且具有独立功能的多个计算机系统通过通信设备和线路连接起来，以功能完善的网络软件（网络协议、信息交换方式及网络操作系统等）实现数据传输及资源共享。通常，把处于网络中的每个单元，包括计算机或其他可交换信息的设备称为站，或称为节点、站点。根据网络中站与站之间距离的远近，通信网络可分为三大类。

1. 紧耦合网络

紧耦合网络又称多处理器系统，这种网络是通过计算机内部总线实现站与站之间的通信的，如具有多处理器的计算机单元。

2. 局域网络

局域网络（Local Area Network，LAN）又称局部网络，这种网络利用双绞线（或同轴电缆或光缆）实现站间连接，站与站之间的距离在几千米范围之内。该网络适合于在一个建筑物内或在一个单位内使用。目前电厂内部的 DCS 采用的通信网络皆为局域网络。

3. 广域网络

广域网络（Wide Area Network，WAN）又称远程网络，这种网络利用光缆、电话线或无线信道实现站间连接，网络覆盖的地理范围很大，一般在几千米以上乃至全球。各电厂与外地上级主管部门之间的通信网络即为广域网络。

本节将针对电厂的 DCS，重点介绍工业控制领域局域网络。

二、工业控制局域网络的特点

用于工业控制的局域网络与一般的商用局域网络（邮电通信网络、办公自动化网络等）不同，具有自己突出的特点，主要体现在以下几个方面：

（1）具有快速实时响应能力。用于工业控制的局域网络应具有良好的实时性，能及时地传输现场过程信息和操作管理信息，网络需要根据现场通信实时性的要求，在确定的时限完成信息的传送。这里所说的"确定"的时限，是指无论在何种情况下，信息传送都能在这个时限内完成，而这个时限则是根据被控制过程的实时性要求确定的。一般工业控制局域网络的响应时间在 0.01～0.5s 以内，高优先级信息对网络的存取时间不超过 10ms；而办公自动化局域网络的响应时间则允许在几秒范围内。

（2）具有恶劣环境的适应性。用于工业控制的局域网络系统通常工作在恶劣的工业现场环境下，受到各种各样的干扰，如电源干扰、电磁干扰、雷击干扰、地电位差干扰等。为此，应采取各种相应的技术措施（如光电隔离技术、整形滤波技术、信号调制解调技术等）克服各种干扰的影响，以保证通信系统在恶劣的环境下正常工作。

（3）具有极高的可靠性。绝大多数工业控制系统的通信系统必须保持持续运行，特别是应用于火电厂的 DCS。否则，通信系统的任何中断和故障都可能造成生产过程的中止或引起设备和人身事故。因此，用于工业控制过程的局域网络应具有极高的可靠性。通常，除在网络中采取各种有效的信号处理和传输技术，使通信误码率最大限度降低外，还采用了双网冗余方式，以进一步提高局域网络运行的可靠性。

（4）具有合理的分层网络结构。工业控制网络通常采用分层结构，一般可分为三层，即现场总线、车间级网络和工厂级网络。现场总线是连接各种智能传感器、智能变送器、PLC、控制器、执行器等设备的通信总线，可实现现场设备间的直接通信；车间级网络是连接现场控制单元和监视操作单元的网络，可实现各单元之间的数据直接交换；工厂级网络是连接厂内各类计算机系统的网络，如过程控制系统、办公自动化系统、财务系统、设备管理系统等，可实现各种信息的综合管理。这种分层的网络结构以不同层次的网络适应不同的应用需求，使系统内的信息交换区域和网络上的信息流量等更具合理性。

三、局域网络的拓扑结构

在计算机通信网络中，网络的拓扑（Topology）结构是指网络中各站（或节点）之间的相互连接方式。局域网络常见的拓扑结构有如图 6-1 所示的几种基本结构形式。

1. 星形结构

这种结构是将分布在各处的多个站（S_1，S_2，…，S_n）连接到一个公用的交换中心（N）上，该交换中心被称为主节点（或中心节点），如图 6-1（a）所示。除主节点外，网络上的其他站均不相互连接。主节点起着信息交换控制器的作用，任何两个站之间的通信都通过主节点来实现，它集中来自各分散站的信息，并按照一种集中式的通信控制策略将信息转

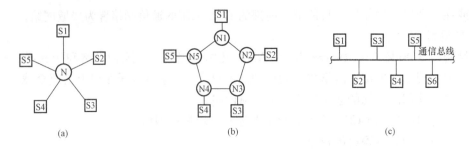

图 6-1　局域网络的基本拓扑结构

(a) 星形；(b) 环形；(c) 总线形

发到相应的站上去。

星形拓扑结构的特点如下：

(1) 易于信息流的汇集和集中管理，提高全网络的信息处理效率。

(2) 由于主节点与各站之间的链路是专用的，因此线路的传输效率高，但利用率低。

(3) 主节点的信息存储容量大，信息处理量大，但硬件和软件较复杂。

(4) 各站通信处理负荷较轻，通信软件和控制方式简单，只需具备点到点通信功能。

(5) 若主节点出现故障，则影响整个网络的通信。

2. 环形结构

这种结构利用通信线路连接成通信流环路，如图 6-1 (b) 所示。每个分散的站都通过节点（中继器）连接到这一环路上，站与站之间的通信必须通过环路，且信息的传输是逐点进行的，即由一个站发出的信息只传送到下一个节点。若该节点不是信息的目的站，则再把信息传送到下一个节点，直至信息达到目的站。在环形网络上信息是沿单方向围绕线路进行顺时针（或逆时针）循环的。

环形拓扑结构的主要特点如下：

(1) 网络结构简单，传输速率较高，实时性较强，网络投资也较低。

(2) 信息流在环形网络中单向流动，控制方式简单。

(3) 每个节点都对经过的传输信息进行整形、放大处理，能保证传输信号的质量，传输距离较远。

(4) 当某一节点故障时会阻塞信息通道，给整个系统的工作造成严重威胁。因此，常采用双向环形网络，或在节点（站）上加设"旁路通道"，以提高系统的可靠性。当某节点发生故障时，可自动旁路，从网上脱离，保证网络的正常运行。

(5) 环形网络是共用的通信线路，因此它的信息流量不宜太大，节点不宜过多，否则网络性能将受到影响。

3. 总线形结构

这种网络结构采用一条开环无源的线状传输介质（双绞线、同轴电缆、光缆）作为公用的通信总线，各站通过相应的硬件接口并行连接到该总线上，如图 6-1 (c) 所示。任何一个站的信息都以广播方式（一个站讲，其他站听）在总线上传播，并能被所有的其他站接收。由于所有站共享一条信息传输通道，所以在某一时刻只允许一个站发送信息。各站都装有并/串行发送器和串/并行接收器，它们分别用于向总线发送串行信息和接收总线上送来的串行信息。发送的信息中包含着目的地址，网上的各站能识别送来信息的目的地址，能把以本站为目的地址的信息接收下来。

总线形拓扑结构的主要特点如下：

(1) 结构简单，扩充性好，增减站点方便。

(2) 可靠性高，某站出现故障不会对整个系统造成严重威胁，系统仍可降低使用。

(3) 任何站点之间均为直达通路，故网络响应较快。

(4) 共享资源能力强。

(5) 设备量少，成本低，安装、使用和维护都很方便。

(6) 由于采用公用总线，故需采用合适的控制方式解决信息碰撞问题。

(7) 若总线出现故障，会造成整个系统瘫痪，通常采用总线冗余措施，保证系统正常运行。

除上述的几种网络拓扑结构外，还存在其他形式的网络结构，但它们都是在以上基本结构的基础上派生出来的。

实际上，对系统设计有实际意义的只有两种形式：一种是共享传输介质而不需中央节点的网络，如总线形网络和环形网络；另一种是独占传输介质而需要中央节点的网络，如星形网络。共享传输介质会产生资源竞争的问题，这将降低网络传输的性能，并且需要较复杂的资源占用裁决机制；而中央节点的存在又会产生可靠性问题。因此在选择系统的网络结构时，需要根据实际应用的需求进行合理的取舍。

从信息传送的实时性讲，星形网应该是最好的，因为这种拓扑结构没有共用传输介质的问题。但星形网必须设置中央节点，各个节点之间的通信必须经由中央节点进行，这种变相的集中系统使危险性集中。

总线形网和环形网属于不需中央节点的拓扑结构，不存在星形网的这个问题，但它们存在着另一个问题，就是共用传输介质的问题，影响网络传输实时性。

当然，最理想的网络是既可独占传输介质，又不需中央节点的结构形式。为了实现这一点，只有将各个节点之间全部使用点对点连接，但这种方式已不能称其为网络了，尤其在节点数量较大时，无论在具体的工程实施方面还是在系统成本方面都是不可行的。

目前，在 DCS 中应用最多的网络为总线形结构和环形结构两种。在这两种结构的网络中，各个节点可以说是平等的，网络结构简单，可通过采用冗余通道提高网络的可靠性，故应用广泛。

四、通信介质

通信介质是连接系统各个站点进行信号传输的物理通道。DCS 对通信介质有着较高的要求，即通信介质的频带要宽，信号传输的时间延迟要小，能满足高速传输的需要，能避免信息在传输过程中因共模和串模干扰所引起的信号混叠或丢失等。DCS 中的数据通信普遍采用以下通信介质。

1. 双绞线

双绞线是由两个绝缘导体扭制在一起而形成的线对。其中一根为信号线，另一根为地线，导线通常由高纯度的铜制成，每根导线外包有绝缘层。两根导线有规则地扭绞在一起，可减小外部电磁干扰对传输信号的影响。将一对或多对双绞线封装在金属屏蔽护套内，可构成一条电缆，同时也加强了抗干扰和噪声的能力，如图 6-2 所示。

双绞线的特点是简单、成本低、比较可靠，双绞线的连接十分简单，但高频时损耗较大。

2. 同轴电缆

同轴电缆在早期 DCS 中应用得比较普遍，它是由内导体、中间支撑绝缘体、外屏蔽导体和外绝缘层构成的，如图 6-3 所示。

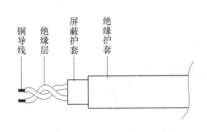

图 6-2　双绞线示意图

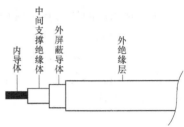

图 6-3　同轴电缆示意图

一般，内导体是直径为 1.2mm 的优质硬铜线，外导体是内径为 4.4mm 的筒状铜网，内外导体之间由聚乙烯绝缘材料支撑，电缆的最外边是绝缘层。有时为增加电缆的机械强度，外导体外还加上了两层对绕的钢带。

同轴电缆大致可分为两类：一类是基带同轴电缆（如 50Ω 同轴电缆），另一类为宽带同轴电缆（如公用天线电视系统中使用的 75Ω 同轴电缆）。基带同轴电缆专门用于数字传输，其传输速率可达 100Mbit/s。宽带同轴电缆既可以用于模拟传输（如视频信号传输），也可以用于数字传输，当用于数字传输时，其传输速率可达 50Mbit/s。

与双绞线相比，同轴电缆具有传输通频带较高、传输损耗较低、抗干扰能力较强、一次参数（电阻、电感、电容、电导）较稳定等优点，在相同的传输距离内，它的数字传输速率高于双绞线。但它的结构较为复杂，造价较高。

3. 光缆

光缆是一种由光导纤维组成的可进行光信号传输的新型通信介质，它以光的"有"和"无"形成"1"和"0"二进制信息取代常规的电信号，以光脉冲形式进行信息传输。

光缆是基于"光线从高折射率物质射向低折射率物质时，在这两个物质的界面发生全折射"的原理而制成的，如图 6-4 所示。

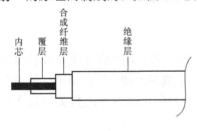

图 6-4　光缆示意图

光缆的内芯是由二氧化硅拉制而成的、具有高折射率的光导纤维，内芯外敷设一层由聚丙烯或玻璃材料制成的低折射率的覆层。由于内芯与覆层的折射率不同，当光线以一定角度进入内芯时，能通过覆层几乎无损失地折射回去，使之沿着内芯向前转播。覆层外敷设一层合成纤维以增加光缆的机械强度，它可使直径为 100μm 的光纤承受 300N 的抗拉力。

由于光缆中的信息是以光的形式传输的，因此，它对电磁干扰几乎毫无反应，光缆的这种良好的抗干扰性能对于具有强电磁干扰的电厂环境来说尤为重要。同时，与双绞线和同轴电缆相比，光缆具有优良的信息传输特性，可以在更大的传输距离上获得更高的传输速率。光缆的数据传输速率可高达几 Gbit/s，在不用转发器的情况下，光缆可在几千米范围内传输信息。显然，光缆具有明显的优越性，是一种应用前景广泛的通信介质。

光缆的主要缺点是分支、连接比较困难和复杂，一般需采用专用的光缆连接器。

五、通信接口

DCS 各节点（现场控制站、操作员站、工程师站、历史站等）之间的连接与联系主要是依靠通信接口通过系统网络来实现的。通信接口提供各节点对网络的访问功能，通过通信接口各节点可以从网络中获取所需的信息，也可向网络发送自己的信息，实现与网络的信息交换。

通信接口是各种 DCS 必备的基本硬件，只是因系统而异，通信接口的形式和实现方法有所不同，但满足系统中各种类型节点与网络连接的要求、达到互通信息的目的是一致的。

DCS 正朝着开放式的系统发展。这种开放式系统的主要特性之一是它在通信技术上采用开放式结构，使之可与不同公司、不同系列的 DCS 产品或各种控制设备进行通信。开放式结构能将多种控制设备集成为一体化的控制系统，形成统一的管理数据库，为实现全厂控制、管理的综合自动化和有效的目标管理奠定了物质基础。

六、网络控制方式

在研究 DCS 的网络时，除考虑网络拓扑结构的选择外，还要考虑采用与之相适应的信息传递控制方式。通信网络上各站之间的信息传递过程中，首先由原站将信息送上网络，然后由目的站取走信息。要使信息迅速无误地传递，关键在于选用合适的网络信息传递控制方式。

网络的控制方式有很多，常用的控制方式大致可分为三类：查询方式、广播方式和存储转发方式。

1. 查询方式

查询方式适用于有主节点的星形网络控制，网络中的主节点就是一个网络控制器（通信指挥器）。网络控制器按照一定次序向网络上的每一个站发送是否要通信的询问信息，被询问站作出应答。如果被询问站不需要发送信息，网络控制器就转向下一个站询问，如果被询问站需要发送信息，网络控制器便控制该站的通信。当网络中同时有多个站要发送信息时，网络控制器则根据各站的优先级别安排发送顺序。

由于不发送信息的站基本上不占用时间，所以查询方式比普通分时方式的通信效率高，而且查询方式具有无冲突、软件设计比较简单的优点；但查询方式的信息交换都必须经过网络控制器，所以通信速度较慢，可靠性较差。

2. 广播方式

广播方式是一种在同一时间内网络上只有一个节点发送信息而其他节点处于收听信息状态的网络控制方式。通常情况下，广播式通信控制技术不需要网络控制器，参加网络通信的所有站点都处于平等地位。但各站点为抢占信道会产生冲突，因此解决信道冲突和保证任一时刻只由一个站点收发信息，是广播方式中的一个重要问题。

广播方式有三种形式，即令牌传送方式、自由竞争方式和时间分槽方式。其中令牌传送方式和自由竞争方式在分散控制系统中应用最为普遍。

（1）令牌传送（Token Passing）方式。令牌是由一组特定的二进制码构成的信息段，它有空、忙两个状态。当网络开始运行时，由一个被指定的站点产生一个空闲令牌，且按某种逻辑排序将令牌依次通过网上的每一个站点，只有得到令牌的站点才有权控制和使用网络，即有权向网上发送信息，此时其他各站点只能接收信息。任何一个需要发送信息的站点得到空令牌后，首先将其置为忙状态，并置入发送信息、源站点名、目的站点名，然后将此令牌送上网络，传送给下一个站点，该令牌依次通过所有站点循环到发送信息的源站点时，发送的信息已被目的站点取走，此时发送站点再把令牌置为空闲状态向下传送，以便其他站点占用。在令牌的传送过程中，任何站点若已发送（接收）完信息，或无信息发送（接收），或持有令牌时间到，则将自动把令牌传送给下一个站点。这种令牌方式的网络要求各个节点用网络的时间是限定时间。每个令牌从得到至释放的时间是确定的，这样才能保证通信的实时性，对于较多的数据传送请示，就有可能被分割成多个令牌周期分几次完成传送。由此可见，在令牌传送方式的网络中，不存在通信控制站（器），各站点之间也无主从关系存在，而且能解决信道的冲突问题。

令牌传送方式的传送效率高，信息的吞吐量大。但令牌丢失是一个主要问题，如果令牌丢失，需由监视站点向网络注入一个新的令牌。

令牌传送技术要求通信系统形成环路，故该传送方式特别适用于环形拓扑结构的网络。对于不具有物理环路的总线网络，若在初始化时，按有序序列指定各站的逻辑位置（次序），在总线上形成一个逻辑环路，同样可采用令牌传送技术。总线上各站的逻辑次序与物理位置是无关的，且逻辑环路的组成十分灵活，可随时注入新站点或删除（跳过）故障站点。

（2）自由竞争方式。自由竞争方式不受时间和站点顺序的限制，网络上每个站点在任何时候都可以向外发送信息。当有两个或两个以上站点同时要求发送信息时，将会产生碰撞，发生冲突，影响信息的正确传送。因此，目前应用最为广泛的自由竞争方式采用的是载波监听多路访问/冲突检测（Carrier Sense Multiple Access/Collision Detect，简称 CSMA/CD）技术，依照"先听后讲，边讲边听，冲突后退，再试重发"的规约，尽量避免和及时处理冲突问题。

载波监听多路访问/冲突检测（CSMA/CD）技术允许共享一条传输线的多个站点随机访问传输线路，规定了多个站点共享一条传输线的方法。这项技术最早出现在 1960 年代由夏威夷大学开发的 ALOHAnet，它使用无线电波为载体。这个方法要比令牌环网或者主控制网要简单。

为解决冲突问题，各站点在发送信息之前先监听线路是否空闲，如果线路空闲则允许发送，否则就推迟发送。这种方法称为"先听后讲"。但由于从信息的组织到信息在线路上传输有一定的延时，在这段时间内，另有站点通过监听可能也认为路线是空闲的，从而也会发送信息。因此，先听后讲方法仍有可能发生信息冲突。为解决这一问题，CSMA/CD 技术所采取的措施是在某站点占用线路发送信息的过程中，仍继续监听线路，即采用边发送边接收（边讲边听）的方法，把所接收到的信息与自己发送的信息进行比较。若两者相同，说明线路上未产生信息冲突，则该站点继续发送；若两者不相同，说明线路上产生了信息冲突，则该站点立即停止正常的发送，并发送一段简短的冲突标志（阻塞码序列），通知所有的站点线路上已经发生了信息冲突，使其他各站停止各自的发送（冲突后退）；在冲突标志发出之后，等待一段随机时间，再开始信息的重新发送（再试重发）。信息在线路上以广播方式发送，所有站点都检测线路上的信息，但发送的信息只为目的站所接收。

按步骤可以表示如下：

1）开始。如果线路空闲，则启动传输，否则转到第4）步。

2）发送。如果检测到冲突，继续发送数据直到达到最小报文时间（保证所有其他转发器和终端检测到冲突），再转到第 4）步。

3）成功传输。向更高层的网络协议报告发送成功，退出传输模式。

4）线路忙。等待，直到线路空闲。

5）线路进入空闲状态。等待一个随机的时间，转到第 1）步，除非超过最大尝试次数。

6）超过最大尝试传输次数。向更高层的网络协议报告发送失败，退出传输模式。

就像在没有主持人的座谈会中，所有的参加者都通过一个共同的媒介（空气）来相互交谈。每个参加者在讲话前，都礼貌地等待别人把话讲完。如果两个参加者同时开始讲话，那么他们都停下来，分别随机等待一段时间再开始讲话。这时，如果两个参加者等待的时间不同，冲突就不会出现。如果传输失败超过一次，将采用退避指数增长时间的方法，退避的时间通过截断二进制指数退避算法（Truncated Binary Exponential Backoff）来实现。

概括地说，CSMA/CD 技术的控制策略是竞争发送、广播式传输、载波监听、冲突检测、冲突后退和再试发送。CSMA/CD 技术在通信管理和软硬件上都比较简单，且允许各站点平等竞争，多用于总线形网络；其缺点是每一站点发送信息的时间间隔没有确切保证，距离加长时，发送信息的效率明显下降。

3. 存储转发方式

存储转发方式也称环形扩展（Ring Expansion）方式。该方式的主要特点是一个站点发送的信息，必须经过网络上所有站点。存储转发方式发送和接收信息的过程是一个站点发送信息，到达它相邻的站点，后者将传送来的信息存储起来，等到自己的信息发送完毕后再转发这个信息，直到将此信息送到目的站点；目的站点检查此信息，如没有发现错误，就在信息帧的后面加上确认，然后又将信息放回环路中，直到信息返回至源站点；源站点对信息帧进行检查，若发现是确认码，则将此信息消除，准备发送下一条信息，若发现信息帧后面带的是否认码，则源站点触发重发逻辑，重新发送此信息。

存储转发方式的主要优点是在同一时间内，可支持网络中多个站点发送信息，网络利用率较高，且结构简单，信息的延时少。不足之处是硬件软件都比较复杂。

七、差错控制技术

1. 差错及其类型

DCS 的网络及各站点是分布在一个工业区域内的。由于来自信道内部或外部的干扰与噪声的影响（如传输线路上电子的无规则热运动、气象条件变化、工业环境噪声、强电场和强磁场的干扰），在数字信号的传输过程中将不可避免地引起信息的传输错误，使接收端所收到的信息与发送端发出的信息不一致，即产生传输差错。根据差错的特征，可将其分为随机差错和突发差错。

（1）随机差错。随机差错主要是由传输介质或放大电路中电子热运动产生的白噪声所引起的。随机差错的特征是随机和独立的，即二进制数据的某一位（码元）出错与它前后的位（码元）是否出错无关。

（2）突发差错。突发差错主要由外界的冲击噪声所致，冲击噪声的持续时间可能相当长，幅度可能相当大，可以影响相邻的多位数据。突发差错的特征是成片出现，即二进制数据的某一位出错受到前后位的影响。

在实际传输线路中，出现的差错往往是随机差错和突发差错的综合。但由于一般信道中保证了相当大的信噪比（信号功率/噪声功率），使白噪声幅值减小，以及引起的随机差错减少，因而突发差错在差错中占主导地位。

2. 传输的可靠性

传输的可靠性与传输速度密切相关。传输速度越快，每个码元所占用的时间越短，其波形越窄，它所含有的能量就越少，抗干扰能力就越差，可靠性就越低。通常传输的可靠性指标用误码率来表示。误码率是衡量通信信道质量的一个重要参数，对于工业过程控制中应用的 DCS，由于其实际传输速度更高，可靠性和数据完整性的要求也更高，其误码率要求就更低、国际电工委员会系统研究分会（IEC SC65A）曾建议，每一千个运行年只允许有一个码元出错，这相当于传输速度为 1Mbit/s 的通信系统，误码率应低于 3×10^{-15}。

3. 降低误码率的措施

降低通信系统的误码率、提高数据传输的准确度、保证传输质量的措施有以下两种：

（1）通过改善系统中通信网络及各站点的电气性能和机械性能来降低误码率。但这种措施是有一定限度的，往往受到经济上和技术上的制约。过于苛求的网络性能改善措施，不仅难以使误码率降至所要求的水平，而且必然导致各站点的结构复杂化。

（2）在误码率不够理想的情况下，由接收端检验误码，然后设法纠正误码。这种措施即为差错控制技术，是降低误码率常采用的措施。差错控制技术包含了两个基本技术内容，即误码检验和误码纠正，其相应的检验和纠错的技术方法也较多。误码检验最常用的有奇偶校验和循环冗余校验两种方法。误码纠正常用的是混合纠错方式，发送端发送的信息码不仅具有发现误码的能力，而且还具有一定的纠错能力。接收端收到该信息码后，首先检错，然后纠错，如果误码较多，超过了自动纠错的能力范围，则接收端通过反馈信道要求发送端重发信息，直到正确为止。由于混合纠错方式具有更高的传输可靠性，所以在 DCS 中得到普遍应用。

八、网络协议

两个人之间写信就是一个信息传递的过程：写信人通过信纸上的文字把信息传送给收信人，写信人就是发送者，读信人就是接收者，信纸是信息的载体即信道，而信息就是文字所表达的内容。写信人和收信人必须对信中的文字种类、语法、名词术语有一个统一的认同。

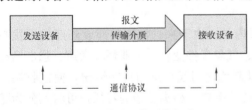

图 6-5　数据通信系统组成

例如写信人用英文写作，而读信人不懂英文，则不能实现信息的传输；同样，用不符合英文语法的英文去写作，即使收信人懂得英文也不见得能看懂，因而也达不到信息传输的目的。因此，信息的传输必须遵守一定的规则，这些规则就是通信协议，在计算机通信网络中就是网络协议，如图 6-5 所示。

又如，在火电厂中，温度变送器要将生产现场的温度测量值送往监控计算机。这里的现场温度变送器即为发送设备，计算机为接收设备，中间的连接电缆为传输介质，温度测量值为要传送的报文内容，通信协议是存在于计算机和温度变送器内控制数据传输的一组程序及规定的电气和物理特性。

在计算机通信网络中，所有的站点都要共享网络中的资源。但由于挂接在网上的计算机或设备是各种各样的，可能出自于不同的生产厂家，型号也不尽相同，它们在硬件及软件上的差异，对相互间的通信带来一定的困难。因此，需要有一套所有"成员"共同遵守的"约定"，以便实现彼此的通信和资源共享。这种约定称为"网络协议"。

为了便于实现网络的标准化，国际上一些标准化组织已在工业控制局域网络协议的标准化方面做了大量的工作，本部分仅简要介绍目前较有影响的协议结构框架和有关协议标准。

网络的通信协议，在功能上是有层次的。因此，实现网络通信的标准化，应首先定义通信任务的体系结构，以便将复杂的通信任务划分为若干个可管理的层次来处理。国际标准化组织（ISO）于 1977 年成立了一个研究通信任务体系结构的分委员会，并针对协议层次提出了开放系统互连（Open System Interconnection，OSI）参考模型，从而定义了任何计算机互连时通信任务的结构框架。所谓"开放"，表示任何两个遵循 OSI 参考模型相关标准的系统具有相互连接的能力，即共同遵守同样标准的系统相互之间是开放的。

OSI 参考模型是按层次划分的，涉及接口、服务、对等层几个概念，可以如图 6-6 所示读写信件的过程加以说明。主要的原理有两个，第一是等层通信，即在网络中每一层上，任何程序或进程（在网络术语中被称为实体）都按标准的或约定的协议与另一机器上的等层程序或进程进行通信，而不管那一机器上的其他层，如写信人与收信人处于同一层，通过信纸上的文字传递信息；第二是每一层为其上一层提供服务，每一层通过接口与其上层发生联

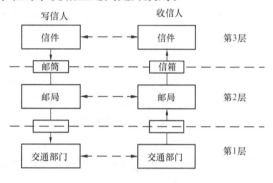

图 6-6 读写信件的过程

系，因此隐蔽了其功能实现细节，如写信人和收信人通过邮筒和信箱与邮局联系，邮筒和信箱可以认为是接口，而邮局的信件传送业务则是服务内容，为上一层（即写信人和收信人）提供这种服务，交通部门则为上一层（即邮局）提供货物运输服务。

OSI 参考模型按系统的软硬件功能分为 7 层，如图 6-7 所示。

OSI 参考模型层次分明，每一层都具有相对独立的功能来完成一块通信子任务，并且下层为上层提供服务，各层之间的相互依赖关系确定。这使得通信系统的设计、实现、修改和扩充更为规范化、便利化。

OSI 参考模型数据通信的基本原理是假设站 S1 希望发送一批数据（或报文）给站 S2，那么，首先是站 S1 将数据传送到应用层（第 7 层），并将一个标题 H7 添加到该数据上，如图 6-7 所示。

图 6-7 OSI 参考模型

标题 H7 包含了第 7 层协议所需的信息，这样做称为数据封装。然后，以原始数据加上标题 H7；作为一个整体单元，向下传送到第 6 层表达层，第 6 层将整个单元加上自己的标题 H6，标题 H6 包含了第 6 层协议所需的信息，从而对数据进行第 2 次封装。依此类推，这种处理过程一直继续到第 2 层链路层。第 2 层通常同时添加标题 H2 和标尾 T2，标尾中包含了用于差错检测的帧检验序列（FCS）。由第 2 层构成的这个整体单元称为一帧数据，它通过物理层（第 1 层）向外发送。当目的站 S2 收到一帧数据时，接收过程从最底层的物理层开始进行，逐层上升。每一层都将其最外面的标题和标尾剥除（卸装），并根据包含在标题中的协议信息进行动作，然后把剩余的部分传送到上一层。直到最上层的应用层剥掉标题 H7，目的站 S2 即可得到所需的数据。至此，站 S1 向站 S2 的通信结束。同样，站 S2 向站 S1 的通信，其工作过程也是如此。由此可知：

（1）两个站之间真正的通信是在物理层之间进行的，其他各同等层之间不能直接通信。

（2）从结构上来看，第 2～7 层协议是组织数据传送的软件层，可称其为逻辑层。

（3）在 OSI 参考模型中，高一层数据不含低层协议控制信息，这使得相邻层之间保持相对的独立性，即有着清晰的接口，那么低层实现方法的变化不会影响高一层功能的执行。

参考模型各层的基本作用如下：

1. 物理层（Physical）

提供通信设备的电气特性、机械特性、功能特性和过程特性，以便建立、维持和拆除物理连接，例如信号的表示方法、传送方向、所采用的编码、传输速率，以及通信介质和连接件的规格及使用规则。物理层负责在物理线路上传输数据的位流（比特流），为链路层服务。

2. 链路层（Data Link）

用于建立相邻节点之间的数据链路，确立链路使用权的分配，负责将被传送的数据按帧结构格式化，传送数据帧，进行差错控制、介质方向控制，以及物理层的管理。链路层的协议可分为两类，一类为面向字符的协议，另一类为面向位的协议。

3. 网络层（Network）

用于传输信息包或报文分组（具有地址标识和网络层协议信息的格式化信息组），向上一传输层提供一个虚电路或数据报的传输类型服务，负责通信网络中路径的选择和拥挤控制。

4. 传输层（Transport）

用于建立不同节点之间的通信信道，提供一种数据交换的可靠机制，完成信息的确认、误码的检测、错误的恢复、优先级的调度及信息流的控制，确保数据无差错、不丢失、不重复、按次序地传送。传输层还涉及最佳的使用网络服务，并向会话层提供所要求的传送服务能及矢量。传输层是用户与通信设施间的联系者。

5. 会话层（Session）

用于建立和管理进程（程序为某个数据集合进行的一次执行过程）之间的连接，为进程之间提供（单向或双向的）对话服务，为管理它们的数据交换提供必要的手段，并处理某些同步与恢复问题。会话层提供的服务项目包括：会话连接的建立和释放、常规数据交换、隔离服务、加速数据交换、交互管理、会话连接同步、异常报告等。会话层完成的主要通信管理和同步功能是针对用户的。

6. 表达层（Presentation）

用于向应用程序和终端管理程序提供一批数据变换服务，实现不同信息格式和编码之间的转换，以便处理数据加密、信息压缩、数据兼容，以及信息表达等问题，使信息按相同的通信语言转送，例如不同类型计算机、终端和数据库之间的数据变换、协议转换、数据库管理服务等。表达层通常提供数据翻译（编码和字符集的转换）、格式化（修改数据的格式）、语法选择（对所用变换的初始选择和随后的修改）等服务项目。

7. 应用层（Application）

这一层是面向用户的，为用户应用程序（或进程）提供访问 OSI 环境的服务，例如通信服务、虚拟终端服务、网络文件传送、网络设备管理等。该层还具有相应的管理功能，支持分布应用的通用机制，解决数据传输完整性问题或收/发设备的速度匹配问题。

在 OSI 参考模型中，应用层、表达层和会话层与应用有关，传输层和网络层主要负责系统的互连，而链路层和物理层定义了实现通信过程的技术。一般把第 3 层及以上各层统称为高层。

应当指出，开放系统互连（OSI）参考模型并非是协议标准，它仅仅是为协议标准提供了一个宏观的开放系统互连的概念和一种主体结构（协议层次），供制定各种协议标准参考。一般的过程控制局域网协议都是在 OSI 参考模型的基础上建立起来的。

第二节　LN2000 系统中的通信网络

一、现场设备与过程通道之间的连接

现场设备与过程通道间一般使用硬接线的方式连接，变送器侧、执行机构侧的端子排与机柜内端子排之间用信号电缆连接，如图 6-8 所示。

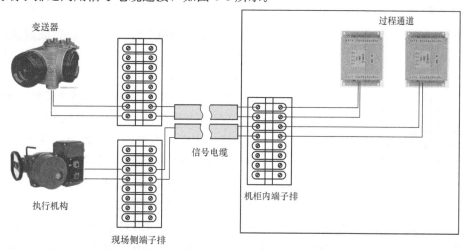

图 6-8　现场设备与过程通道之间的连接

二、过程通道与主控制器之间的数据传送

过程通道与主控制器之间的数据传送主要分为两种形式：对于插卡型的主控制器，一般主控制器与过程通道（I/O）卡件都插入机箱背板上的卡槽，通过背板上的总线与过程通道进行数据传递；对于单机型主控制器，过程通道一般也以独立模块型式实现，二者之间一般

使用串行总线的方式进行数据通信，目前比较流行的是采用现场总线方式。

现场总线为当今仪表智能化的趋势，LN2000 系统采用 CAN（Control Area Network）网作为过程通道与主控制器之间的数据传送网络。CAN 协议现场总线网目前在工业控制领域迅速发展，且具有广泛应用前途，具有如下特点：

(1) 网络通信距离最远为 10km（5kbit/s）。

(2) 采用短帧结构，每帧有效字节数为 8，这样传输时间短，受干扰概率低，网络响应快。

(3) 网络有很强的检错及纠错功能，错误概率低，可靠性高。

(4) 通信介质可采用普通双绞线，线路造价低。

主控制器与智能 I/O 模块之间的通信就是通过 CAN 协议网络完成的，通信速率可根据通信距离组态设置，一对主控制器和它所管理的智能模块通信速率必须一致。该网的传输介质用带胶皮护套的屏蔽双绞线。智能模块通过模块上的拨码开关来决定模块在 CAN 网上的地址，编址范围为 1～63。该层网络为冗余配置的总线型拓扑结构，具有扩展容易、可靠性高等优点。

模块地址和通信速率通过模块内的拨码开关设定，模块的此开关命名为 SW1。模块的通信速率跟通信距离有关，CAN 通信的速率和距离的关系见表 6-1。CAN 通信的最高通信速率可达 1Mbit/s，在一般情况下，提供给用户的通过拨码开关设定的通信波特率为 4 挡：20、100、250、500k，如果这 4 种波特率不能满足需要，用户可以根据现场实际通信距离的长度提出更改要求。

表 6-1　　　　　　　　　　CAN 通信的速率和距离的关系

位速率（bit/s）	1M	500k	250k	125k	100k	50k	20k	10k	5k
最大总线长度	40m	130m	270m	530m	620m	1.3km	3.3km	6.7km	10km

注　以上为参考数据，实际使用时跟晶振、通信线线径等有关，为了通信可靠，一般通信速度偏低选择为佳。

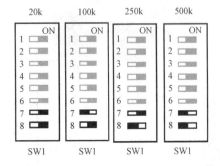

图 6-9　拨码开关位置与波特率的对应关系

拨码开关 SW1 的 7～8 位为智能模块通信波特率的设定开关。图 6-9 所示为拨码开关位置与波特率的对应关系。

三、主控制器与监控级设备之间的数据传送

LN2000 系统应用当今流行的通信协议及网络结构，构成了系统的通信网络，实现主控制器与监控级设备之间的数据传送。

系统网络采用以太网（Ethernet）作为站间通信网络，网络标准符合 IEEE 802.3，通信协议采用 TCP/IP 协议标准，通信速度为 100Mbit/s。Ethernet 网络采用 CSMA/CD 存取控制方法，在网上节点较少，通信负荷低时，CSMA/CD 的响应时间比其他存取控制方法更快，因而每个站都有良好的实时性。

系统网络的拓扑结构为星形网络，每站点通过双绞线连接到网络交换机，工程师站、操作员站到机柜的距离较长，与机柜内网络交换机的连接采用带屏蔽的五类网线；星形以太网的网络结构接口简单，总线扩展、站点的扩充十分容易，单一站点的故障不会影响其他站点，可靠性高，维护方便。为保证站间的数据传输的可靠性，系统采用两个独立网络交换

机，各站同时挂在两个网上，两个网络同时工作，保持站间通信的畅通。

1. 以太网技术

以太网（Ethernet）是一种计算机局域网组网技术。以太网是以以太（ether）命名的，以太是古希腊哲学家所设想的一种物质，充满整个空间，是一种曾被假想的电磁波的传播媒介。但后来的实验和理论表明，如果不假定"以太"的存在，很多物理现象可以有更为简单的解释。也就是说，没有任何观测证据表明"以太"存在，因此"以太"理论被科学界所抛弃，但是以太网这个名称继续沿用下来。

（1）以太网的标准拓扑结构。IEEE 制定的 IEEE 802.3 标准给出了以太网的技术标准。它规定了包括物理层的连线、电信号和介质访问层协议的内容。以太网是当前应用最普遍的局域网技术，它很大程度上取代了其他局域网标准，如令牌环网（Token Ring）、FDDI 和 ARCNET。

以太网是一种总线型拓扑网络，使用 CSMA/CD（Carrier Sense Multiple Access/Collision Detect 即带冲突检测的载波监听多路访问）的总线争用技术。

（2）以太网的类型。以太网分为多种类型，各类以太网的差别主要在于速率和配线，相关的标准和类型分类很多。按速率可以分为 10M 以太网、快速以太网（100M）、千兆以太网、万兆以太网。

（3）以太网的结构。CSMA/CD 技术应用的最典型例子就是以太网，这是一种非平均分配时间的传输机制，即抢占资源的传输方式：各个节点在传输数据前必须先进行传输介质的抢占，如果抢占不成功则转入规避机制准备再次抢占，直至得到资源；在传输完成后撤销对介质的占用，而对占用介质时间的长短并不作强制性的规定。

以太网的标准拓扑结构为总线形拓扑，采用集线器组网的以太网尽管在物理上是星形结构，但在逻辑上仍然是总线形的。随着以太网交换技术的发展和应用的拓展，人们逐渐发现星形的网络拓扑结构最为有效，总线形的以太网逐步演变成了星形结构，即将原来的传输介质占用方式由共享变成了独占。交换式以太网的中央节点是一个交换机，最简单的交换机由一个高速的电子开关组成，其中只有节点地址识别和接通相应路径的功能，而没有信息缓存和转发等其他功能。目前的快速以太网（100BASE-T、1000BASE-T 标准）为了最大程度地减少冲突，提高网络速度和使用效率，使用交换机（Switch Hub）来进行网络连接和组织。这种拓扑结构的变化解决了传输介质资源的占用冲突问题，为以太网用于实时系统铺平了道路，而带来的问题是网络中出现了中央节点，这个中央节点成为网络可靠性的瓶颈，一般使用冗余方式解决。

2. LN2000 系统中的例外报告技术

在 DCS 中，每个节点都有自己的微处理机，这些"智能"节点可以独立地承担系统的部分工作，为使整个系统协调工作，每个节点都需要输入一定的信息，这些信息或来自节点本身或来自其他节点。可以把通信系统的作用看成是一种数据库更新作用，它不断地把其他节点的信息传输到需要这些信息的节点中去，这相当于在整个系统中建立了一个为多个节点所共享的分布式数据库，而更新这个数据库的功能是在传输层和会话层协议中实现的。为防止通信堵塞，提高网络的通信效率，以及最有效地利用信息传输中的每一个信息字节，LN2000 系统中使用了信息打包技术和例外报告技术。

简单的信息打包技术如开关量打包，一个点的状态可以使用一个字节的一个位来表示，这样，一个字节就可以表示 8 个点的状态，有效地提高了网络利用率。

所谓"例外报告"技术，就是在过程控制中一些涉及测量、操作、报警、管理的实时信息经过一定技术处理后所形成的一个只反映某一时间间隔的发生显著变化的信息的专门报告。而对没有发生显著变化的信息则不产生报告。例外报告主要涉及以下三项基本要素：

（1）例外报告死区。用 RD 表示，由用户设定，主要功能是用来判定信息是否发生了显著变化。一旦判定为没有发生显著变化，则不会形成例外报告。

（2）最小例外报告时间。用 t_{min} 表示，其主要功能是划定一个不产生例外报告的时间间隔，在此间隔内即使是信息发生了显著变化也不产生报告。这不仅有利于抑制干扰，而且对现场发生故障时出现的反复报警或多点连续报警，都有较好的限制作用，可减少重复传递已明确的信息，防止通信系统的堵塞。

（3）最大例外报告时间。用 t_{max} 表示，其主要功能是划定一个产生例外报告的时间间隔，在此间隔内即使是信息没有发生显著变化也要产生报告。这对于停留在死区内或惯性较大的信息是十分有利的，即在 t_{max} 内所产生的报告，可向目标节点表明信息、通道等的当前状态。简言之，t_{max} 是为长期不发生显著变化的信息准备的发言权，以保证信息的实时性。

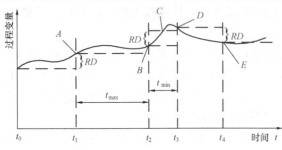

图 6-10　例外报告示意图

例外报告示意图如图 6-10 所示。图中 $t_0 \sim t_1$、$t_3 \sim t_4$ 为正常例外报告时间；$t_1 \sim t_2$ 为最大例外报告时间；$t_2 \sim t_3$ 为最小例外报告时间。RD、t_{min}、t_{max} 的设定应根据生产工艺要求，并且要考虑到系统的响应特性。另外，RD 在产生例外报告后自动整体平移，形成 RD 的新位置。

例外报告的工作过程如下：自上次报告数据的时刻开始计时，规定一个最小例外报告时间 t_{min} 和一个最大例外报告时间 t_{max}；在最小例外报告时间内，如果信号的值与上次报告的值的差值超过 RD，信号的值不被报告，如图中 C 点；在结束最小报告时间的时刻及以后的时间内，如果信号的值与上次报告的值的差值超过 RD，则将信号的值报告，如图中 A、D、E 点；如果在 t_{max} 之内信号始终未超过 RD 的值，则在 t_{max} 结束时刻发出报告，如图中 B 点。在此过程中，任何时刻信号达到报警值或从报警值回到正常值之时，不受时间限制，都发出报告。无论何种情况下一旦有报告发出，则重新开始计时，再重复上述过程。

例外报告与数据信息的有效变化值有关，数据信息变化越大越快，报告就越频繁。这就相当于建立起一个自由活动的监视器，哪里的变量变化大就监视哪里，变得越快监视得越仔细，得到的报告也就越多。从采样的观点来理解，可以把例外报告看作是变周期式采样，并且周期的变化与信号的变化相一致，从而提高了信息的利用效率。

采用例外报告减少了不变化数据的传输，因而大大降低了传送的信息量，提高了响应速度和系统的安全性。实践证明，例外报告法是一种迅速而有效的数据传输方法。

3. LN2000 系统 IP 地址分配

LN2000 系统的实时通信网包括互为冗余的 A 网、B 网，挂在该网上的各站点同时挂在 A 网和 B 网上，A 网和 B 网的网段基址的前两段一样，第三段 B 网比 A 网大 1，例如 A 网网段基址为"202.206.212."，则 B 网的网段基址为"202.206.213."。A 网网段基址在系统数据库组态软件中设置，B 网的网段基址自动判断。

以下假设 A 网网段基址为"202.206.212."，则 B 网的网段基址为"202.206.213."。

（1）过程控制站 IP。过程控制站最多有 49 个，各站的 IP 地址的末位设置与站号一样，其冗余站的 IP 地址的末位等于站号加 50。过程站 IP 地址分配如表 6-2 所示。

（2）上位站 IP。上位站主要指工程师站和操作员站等，LN2000 系统采用了无服务器的对等网络结构，站号和 IP 地址是统一安排的，所有站中不允许存在 IP 冲突问题。各站 IP 地址末位设置等于站号加 100，例如 1 号工程师站和 3 号操作员站的 IP 地址分配如表 6-3 所示。

表 6-2　　　　　　　　　　　　过程控制站 IP 地址分配

1 号过程站	基　站	A 网	202.206.212.1
		B 网	202.206.213.1
	冗余站	A 网	202.206.212.51
		B 网	202.206.213.51
2 号过程站	基　站	A 网	202.206.212.2
		B 网	202.206.213.2
	冗余站	A 网	202.206.212.52
		B 网	202.206.213.52
……	基　站		
	冗余站		

表 6-3　　　　　　　　　　　　上位站 IP 地址分配示例

1 号工程师站	A 网	202.206.212.101
	B 网	202.206.213.101
3 号操作员站	A 网	202.206.212.103
	B 网	202.206.213.103

第三节　网络间的互连与通信

一、概述

实现网络之间的互连有不同方式，常见的有以下几种：

（1）采用重复器（Repeater）方式。当多个网络系统具有共同的特性时，这些相容网络间的互连是最为简单的，此时，只要在物理层采用重复器即可实现互连，如图 6-11 所示。

（2）采用网桥（Bridge）方式。当相连网络具有相同逻辑链路控制协议、但采用不同的介质存取控制协议时，不能采用简单的重复器，而必须采用网桥实现网络互连，如图 6-12 所示。

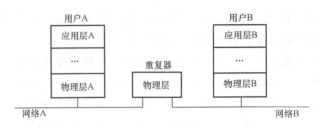

图 6-11　利用重复器实现网络互连

图 6-12　利用网桥实现网络互连

网桥对帧的格式不加修改，不作重新包装，但要设置足够大的缓冲区满足高峰需求，还须具备智能化寻址和路由选择算法。

（3）采用网关（Gateway）方式。当相连网络的逻辑链路控制协议不相同时，不能采用重复器和网桥，必须采用网关实现网络互连，如图 6-13 所示。网关的功能是将一个网络协议层次上的报文"映射"为另一网络协议层次上的报文。在不同类型的局域网互连时，必须制定互连协议，解决同际寻址、路由选择、网际虚电路/数据报、流量控制、拥挤控制，以及网际控制等服务功能的问题。

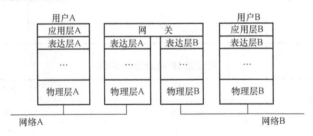

图 6-13　利用网关实现网络互连

网关有以下两种类型：

1）介质转换型。该类型网关是从一个子网中接收信息，拆除封装，并产生一个新封装，然后将信息转发到另一个子网中去。

2）协议转换型。该类型网关是将一个子网的协议转换为另一个子网的协议。对于语义不同的网，这种转换还需先经过标准互连协议的处理。

网络互连接口应用在局域网的扩展中，占有十分重要的地位。特别是在现代火电厂的综合自动化系统中，网关是将厂内各种数字系统，如 DCS、MIS、SIS 等，集成为一个实用大系统的主要关键设备。

二、OPC 技术

1. OPC 简介

OPC 是 OLE for Process Control 的缩写，即把 OLE 技术应用于工业控制领域。OLE

原意是指对象链接和嵌入，随着 OLE 2 的发行，其范围已远远超出了这个概念。现在的 OLE 包含了许多新的特征，如统一数据传输、结构化存储和自动化，已经成为独立于计算机语言、操作系统甚至硬件平台的一种规范，是面向对象程序设计概念的进一步推广。OPC 建立在 OLE 规范之上，它为工业控制领域提供了一种标准的数据访问机制。

工业控制领域用到大量的现场设备，在 OPC 出现以前，软件开发商需要开发大量的驱动程序来连接这些设备。即使硬件供应商只在硬件上作了一些小小改动，应用程序就可能需要重写。同时，由于不同设备甚至同一设备不同单元的驱动程序也有可能不同，软件开发商很难同时对这些设备进行访问以优化操作。硬件供应商也在尝试解决这个问题，然而由于不同客户有着不同的需要，同时也存在着不同的数据传输协议，因此一直没有完整的解决方案。

自 OPC 提出以后，这个问题终于得到解决。OPC 规范包括 OPC 服务器和 OPC 客户两个部分，其实质是在硬件供应商和软件开发商之间建立了一套完整的"规则"。只要遵循这套规则，数据交互对两者来说都是透明的，硬件供应商无需考虑应用程序的多种需求和传输协议，软件开发商也无需了解硬件的实质和操作过程，如图 6-14 所示。

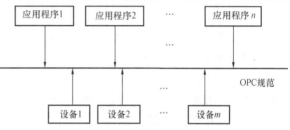

图 6-14　OPC 通信示意图

2. OPC 的优越性

硬件供应商只需提供一套符合 OPC Server 规范的程序组，无需考虑工程人员需求。软件开发商无需重写大量的设备驱动程序。

工程人员在设备选型上有了更多的选择。OPC 扩展了设备的概念，只要符合 OPC 服务器的规范，OPC 客户都可与之进行数据交互，而无需了解设备究竟是 PLC 还是仪表，甚至在数据库系统上建立了 OPC 规范，OPC 客户也可与之方便地实现数据交互。

3. OPC 的适用范围

OPC 的设计者们的最终目标是在工业领域建立一套数据传输规范，并为之制定了一系列的发展计划。现有的 OPC 规范涉及如下领域：

（1）在线数据监测。实现了应用程序和工业控制设备之间高效、灵活的数据读写。

（2）报警和事件处理。提供了 OPC 服务器发生异常时，以及 OPC 服务器设定事件到来时向 OPC 客户发送通知的一种机制。

（3）历史数据访问。实现了读取、操作、编辑历史数据库的方法。

（4）远程数据访问。借助 Microsoft 的 DCOM 技术，OPC 实现了高性能的远程数据访问能力。

（5）OPC 近期将实现的功能还包括安全性、批处理、历史报警事件数据访问等。

三、LN2000 系统中的网络互连与通信

LN2000 系统在与其他系统接口方面提供了多种解决方案，其中包括了以太网、RS-232、RS-422、RS-485 串口，以及无线等形式，支持 Modbus、Modbus TCP、CDT、OPC 等多种协议，并可与其他的仪表、PLC、外部 DCS、MIS、SIS 等多种第三方产品实现无缝连接。

目前，LN2000 系统提供了以下几种标准接口：

（1）基于 RS-232、RS-422、RS-485 串口的 Modbus 接口软件。

（2）基于 RS-232、RS-422 串口的 CDT 接口软件。

（3）标准 Modbus TCP 协议的接口软件。

（4）标准 OPC 协议的服务器和客户端接口软件。

（5）SIS 系统通信软件包。

（6）LN-COM 通信模块，支持 ModBus 等标准协议。

上述接口目前基本满足火电系统的接口要求，广泛应用于 LN2000 系统与其他系统、设备的数据交换，经实践证明稳定可靠。

1. SIS 通信接口

根据目前 SIS 系统的通信和安全要求，LN2000 系统提供两种接口方案。

（1）OPC 接口软件，允许授权的 SIS 系统用户读写 DCS 数据，灵活快捷地传送 DCS 数据到 SIS 系统。

（2）UDP 接口软件，按照 UDP 方式发送 UDP 广播数据包，特别适用于仅允许单向网络传输的 SIS 系统安全网络。

2. 与其他控制系统接口

LN2000 系统在与其他控制系统接口方面具有冗余功能，支持以下几种协议：

（1）TCP/IP 通信协议。

（2）Modbus 系列协议。

（3）OPC 协议。

（4）CDT 协议。

在接口形式上有以下两种类型：

（1）RS-232/RS-485/RS-422 系列接口，可安装多串口卡扩展，每台计算机最多可扩展至 18 个接口。

（2）以太网接口，可扩展，保证工程正常接口使用。

3. 与仪表、现场设备接口

LN2000 系统在与仪表、现场设备通信方面，提供以下两种方式：

（1）上位机与仪表、现场设备通信，支持 Modbus、TCP/IP、CDT 协议。

（2）LN-COM 通信模块与仪表、现场设备通信，支持串口等通信协议。

这里简要介绍一下其中的 OPC 程序、Modbus 程序和多协议接口程序。

（一）LN2000 系统中的 OPC 程序简介

LN2000＿OPC 提供了一个具有通用工控标准（OPC DA2.0）的数据服务程序，实现了与其他系统软件的高性能数据通信，为客户端程序提供了读写 DCS 数据的功能。程序包括两大部分：服务器端程序和客户端程序。

1. OPC 服务器端程序（LN2000＿OPC.exe）

如图 6-15 所示，程序视图包含标题栏、数据结构显示区、DCOM 实时信息显示区、系统参数显示区和菜单栏。菜单项及说明见表 6-4。

LN2000＿OPC.exe 可以以两种方式运行，即仿真数据方式和 LN2000 系统实时数据方式。

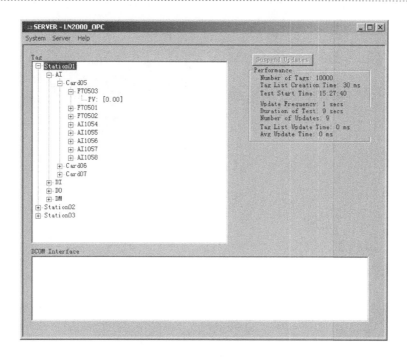

图 6-15　LN2000 _ OPC 界面

表 6-4　　　　　　　　　　**菜 单 项 及 说 明**

菜 单 项		说 明
System	Exit	程序退出
Server	Register	注册服务器信息。首次运行时自动注册，注册后本地和远程的 OPC 客户端程序可连接该服务器端程序
	Unregister	清除注册信息
	Set Delimiter	设置服务器端的数据结构连接符，默认用"."
	Create tags	加载系统数据库，创建服务器端数据结构
Help	About LN2000 _ OPC	LN2000 系统版本信息

LN2000 _ OPC. exe 启动后自动监测 LN2000 系统中的 StartUp. exe 是否运行，如果 StartUp 未运行，会请用户选择是否继续执行程序。如继续则进入到仿真数据方式，其界面如图 6-16 所示。

该界面包含数据点个数、更新速度、数据类型等信息，用户设置合适的参数后，点击"OK"按钮继续运行程序，进入"数据点仿真调试"界面，如图 6-17 所示。

如果检测到 LN2000 系统的 StartUp. exe 程序，LN2000 _ OPC. exe 则开始查找 LN2000 系统数据库文件；如果查找到 LN2000 系统数据库文件，则按照数据库内容创建相似的数据结构进入

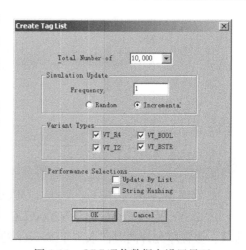

图 6-16　OPC 通信数据点设置界面

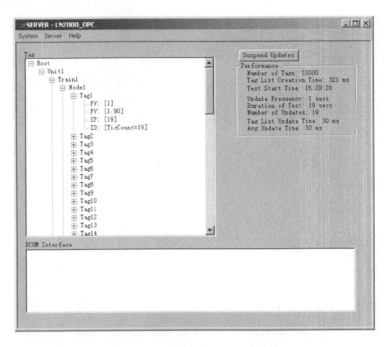

图 6-17   数据点仿真调试界面

实时数据调试状态，如图 6-18 所示。

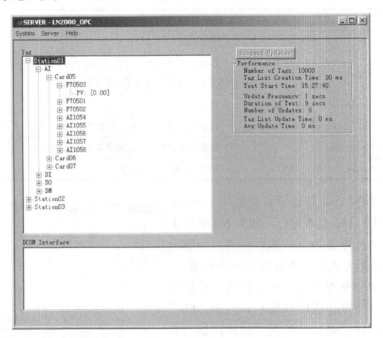

图 6-18   实时数据调试界面

2. OPC 客户端程序（LN2000 _ OPCClient）

LN2000 _ OPCClient 是 LN2000 DCS 系统的 OPC 客户端程序，支持 OPC DA1.0、2.0 协议。该程序允许同时读取多个 Server 的数据，支持对于 Server 端的本地和远程访问，实现了 LN2000 分散控制系统对其他监控系统的管控功能。

该程序界面由标题栏、菜单栏、工具栏、数据显示区域、事件显示区域、状态栏 6 部分组成，如图 6-19 所示。

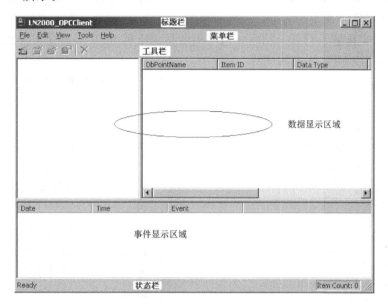

图 6-19 LN2000 _ OPCClient 程序界面

菜单栏中显示程序的所有菜单项，包含 File、Edit、View、Tools、Help 5 类菜单项。菜单项及定义见表 6-5。

表 6-5　　　　　　　　　　　　　　　菜 单 项 及 定 义

菜　单　名			描　　　述
File	Save		保存配置
	Export to…		将配置信息导出到一个 . xml 文件
	Import from…		从一个 . xml 文件导入配置信息
	Set default…		设置默认启动文件，文件格式为 . xml
	Exit		程序退出
Edit	New Server Connection		新建一个 server 连接
	New Group		新建一个数据组
	New Item		新建一个数据项
	Delete		删除数据对象
	Properties		显示数据对象的属性
View	Item Update InterVal…		设定数据刷新时间
	Clear Messages		清空事件显示区域
	Log Errors Only		只显示错误事件
Tools	Server	Connect	连接服务器
		Disconnect	断开服务器的连接
		Reconnect	重新连接服务器
		Get Error String	得到错误字符串
		Enumerator Group	列举数据组
		Get Group by Name	按名字查找数据组
	Group	Clone Group	复制一个数据组
	Item	Set Active	活动标志
		Set Inactive	禁用标志
Help	About LN2000 _ OPCClient…		显示版本信息

3. LN2000 _ OPCClient 在工程中的实际使用方法

下面以 LN2000 _ OPCClient 与 LN2000 _ OPC 程序的连接为例，介绍 LN2000 _ OPC-Client 在工程中的实际使用。

(1) OPC 环境配置。打开 LN2000 系统安装目录下的 OPC Confg 文件夹，双击 OPC-Confg. bat 运行完成 OPC 环境的注册。

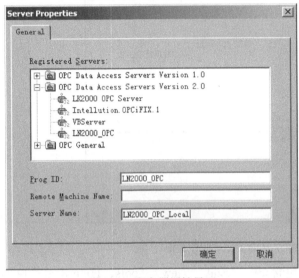

图 6-20　服务器属性界面

(2) 服务器注册。在 LN2000 系统安装完成后，启动 LN2000_ OPC. exe 程序完成 LN2000 OPC Server 的注册。

(3) 对象组态。

1) Server 对象配置。启动 StartUp 并启动 LN2000 _ OPCClient 程序，执行 "New Server Connection" 命令，弹出服务器属性配置界面，如图 6-20 所示。①Prog ID：服务器注册名。②Remote Machine Name：远程计算机 IP 或网络 ID，例如 202.206.212.101。③ Server Name：在程序中显示的节点名。

设置完相关的属性后，点击 "确定" 按钮，添加服务器对象。

2) Group 对象配置。选中服务器对象，点击执行 "New Group" 命令，会弹出添加组属性配置对话框，如图 6-21 所示。① Name：组对象名，组对象的标识。② Update Rate：组对象的数据扫描周期。③ Time Bias：时差，服务器与客户端所在地之间的时差。④ Percent Deadband：数据死区。⑤ Language ID：语言 ID，一般为英语，所以该项固定为 1033。⑥ Update Notification：刷新方式有三种，分别为 1.0 有时间标签、1.0 无时间标签、2.0。⑦ Active Stat：组活动状态，

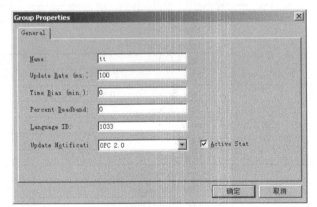

图 6-21　组属性界面

当组设置为非活动状态时，组不可用，客户端不扫描该组内数据项的数据。

设置完成后，点击 "确定" 按钮，添加 Group 对象。

3) Item 对象配置。选中组对象，点击执行 "New Item" 命令，弹出添加数据项属性配置对话框，如图 6-22 所示。① DbPointName：该数据项对应的 LN2000 系统的数据点名。② Active：点活动状态。③ Access Path：该数据点在服务器端快捷访问路径，一般为空即可。④ Data Type：数据类型，一般选择 Native 即可，即自适应服务器端的数据类型。⑤ Item ID：数据项标识。可以在下面服务器结构中选择，点击 "Add Leaves" 按钮，就

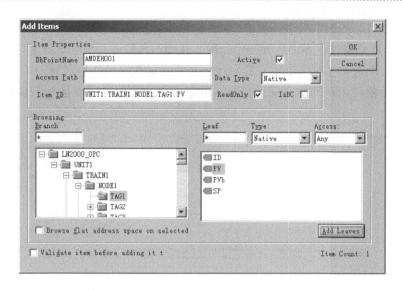

图 6-22　Item 属性界面

会自动把可识别的 Item ID 添加到对应的编辑框中。必须在设置完所有属性后在点击"Add Leaves"按钮。⑥ ReadOnly：数据项是否只读。该项选中则数据点读写属性为只读，否则，该数据点具有读写属性。⑦ IsBC：广播状态。选中则表示该数据点具有站间广播功能，该数据点可以引入逻辑运算；否则，该数据点只能引用到画面，不能引入逻辑运算中。

配置完成后，点击"确定"按钮，数据项就添加到程序中，如图 6-23 所示。

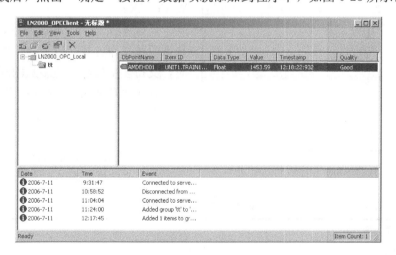

图 6-23　已添加 Item 的程序界面

（4）批量组态。当配置大量的数据项时，窗体操作方式费时费力；用户可以利用配置文件完成大量数据的组态，再利用数据导入功能将组态信息导入到程序中。

启动程序后，点击"Export to..."命令，将当前系统配置导出到 .xml 文件中，配置文件结构见图 6-24。该文件包含对 Server、Group、Item 三类对象的配置，每类对象存储区域位于该类对象属性名和下一类别对象属性名之间，两个不同类型对象之间必须有一空行。Server 对象最后一列表示其包含 Group 对象的数目，Group 对象最后一列表示其包含 Item

对象的数目。"♯Channel"列表示其所属的 Server 对象名，"＄Device"列表示其所属的 Group 对象名。对象属性在界面配置中已介绍，在此不再赘述。Server 对象存储区存放所有的 server 对象；Group 对象存储区按照 Server 对象存储次序依次存放每一个 Server 对象下的所有 Group 对象；Item 对象存储区按照 Group 存储次序依次存放每一个 Group 对象下的所有 Item 对象。

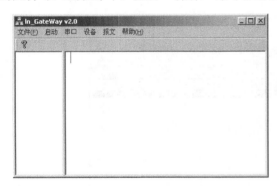

图 6-24　导出文件视图

配置完成后保存，切换到 LN2000 _ OPCClient，选择"Import from..."命令将配置好的文件导入到程序中，选择"保存"命令保存当前组态信息。

（二）Modbus 通信程序（LN _ GATE-WAY.EXE）

该程序实现 modbus 协议，支持主站、从站两种工作方式运行。程序作为主站运行时，支持多串口和一主多从的网络结构。

程序主界面由标题栏、菜单栏、工具栏、左侧结构区、右侧报文区 5 部分组成，见图6-25。

（1）标题栏。显示程序名。

（2）菜单栏见表 6-6。

图 6-25　Modbus 程序启动界面

表 6-6　　　　　　　　　　　　　　Modbus 通信程序菜单栏

菜 单 名		描　　述
文件	保存	保存配置信息
	退出	程序退出
启动	运行	启动通信
	停止	停止通信
串口	添加串口	添加串口信息
	删除串口	删除已有串口
	串口属性	修改、查看串口信息

续表

菜 单 名		描 述
设备	添加设备	添加设备描述信息
	删除设备	删除已有设备
	设备属性	修改、查看串口信息
报文	显示该口报文	显示选中的串口报文
	不显示报文	停止显示报文
	清空报文	清空报文区
	冻结报文	停止报文实时滚动
帮助	计算校验码	校验工具，计算输入数据区的校验码
	关于 LN _ Gateway	显示程序版本信息

（3）左侧结构区。树形显示当前配置的结构。

（4）右侧报文区。显示实时报文。

（三）多协议接口程序（Interface.exe）

Interface 程序使用相同的主界面，一致的组态方法，支持 Modbus TCP、CDT 等多种通信协议。Interface 提供界面和文本两种组态方式，具有报文监视功能；提供虚拟站的功能，允许使用过程站数据点组态，虚拟站提供站状态广播和站内数据广播。

程序主界面由标题栏、菜单栏、工具栏、树形结构部分、信息显示部分和状态栏6 部分组成，如图 6-26 所示。

图 6-26　LN2000 系统通信程序

（1）标题栏。显示程序名。

（2）菜单栏。显示应用程序的可执行菜单项，由文件、系统配置、通信组态、运行和帮助5 个主菜单组成，见表 6-7。

表 6-7		多协议接口程序菜单栏

菜 单 项		描 述
文件	重载数据库	重新加载 DCS 数据库
	退出	退出程序
系统配置	虚拟站	设置虚拟站站号，用","分开
	通信点	从 DCS 数据库中选取用作通信的数据点
	点属性	编辑通信数据点的属性
通信组态	端口配置	配置端口属性（COM 或网卡）
	添加设备	在指定端口（COM 和网卡）添加通信对象
	删除设备	删除指定的通信设备
	设备属性	编辑某一通信对象的属性
	点表配置	组态通信对象的数据点表
	报文设置	定义数据报文格式

菜 单 项		描　　述
运行	运行	开启通信
	停止	停止通信
帮助	关于（&A）…	程序帮助信息

（3）工具栏。显示工具按钮，为使用频率较高的菜单项提供快捷操作。

（4）树形结构部分。按树状结构显示所有的对象，提供对于不同类型对象的选择和快捷访问。

（5）信息显示部分。显示设备配置信息，监控通信端口或通信设备的实时报文。

（6）状态栏。显示提示信息。

数据的保障——可靠性技术

可靠性是衡量产品质量的重要指标，其定义为：产品在规定的时间内，在规定的使用条件下，完成规定功能的能力。DCS 作为工业控制领域的应用产品，其主要作用是对生产过程进行监视、控制和管理，因此必须具有很高的可靠性，这样才能保证生产过程的安全运行。为了实现这个目的，DCS 中采用了很多提高可靠性的措施。

可靠性技术的研究内容大致分为四个方面：可靠性分析、可靠性设计、可靠性试验和可靠性管理。近年来，可靠性理论研究不断发展完善，逐渐形成了一门独立的学科。本章简要介绍可靠性的一般概念、分析方法等基础内容，主要用于说明 DCS 中所采用的可靠性措施。

第一节 可 靠 性 指 标

要从理论上定量地分析一个系统的可靠性，就必须引进表征可靠性的技术指标。这里简要介绍的指标包括可靠度、失效率、平均寿命。

一、可靠度

可靠度是指产品在规定的时间内，在规定的使用条件下，完成规定功能的概率。可以认为可靠度是可靠性的概率表现形式。

产品分为可维修产品和不可维修产品两类，或称可修复产品和不可修复产品。这里，针对不可维修产品介绍一些可靠性指标的统计方法，可维修产品的可靠性指标以此为基础进行了拓展。

可靠度一般用 $R(t)$ 表示，其计算式为

$$R(t) = P(T > t) \tag{7-1}$$

式中　T——产品寿命；

　　t——规定的时间。

$R(t)$ 是时间的函数，表明产品寿命超过规定时间 t 的概率，无量纲，$0 \leqslant R(t) \leqslant 1$。

设有 N_0 个同样的产品，从运行到时间 t 之间，有 $N_f(t)$ 个发生故障，$N_s(t)$ 个未发生故障，则可靠度表示为

$$R(t) = \frac{N_s(t)}{N_s(t) + N_f(t)} = \frac{N_s(t)}{N_0} \tag{7-2}$$

经过统计，不同时刻的 $R(t)$ 值可以拟合得到可靠度曲线，如图 7-1 所示。

对于可靠度曲线，需要认识到以下方面：

（1）$R(t)$ 是通过实际试验统计值 N_0 与 $N_s(t)$ 得到，即符合数理统计中的大数规律，因此需要足够多的样本。

（2）可靠度是时间的函数，t 越长，发生故障的可能性越大。

二、失效率

失效率是指产品运行到 t 时刻后，单位时间 Δt 内发生故障的数量与 t 时刻完好的数量之比。失效率以概率形式表示，也称为故障率。

由式（7-2）得 t 时刻完好的数量为

$$N_s(t) = R(t)N_0 \tag{7-3}$$

Δt 时刻后即 $t + \Delta t$ 时刻时完好的数量为

$$N_s(t + \Delta t) = R(t + \Delta t)N_0 \tag{7-4}$$

则 Δt 时间内发生故障的数量为

$$N_f(t, t + \Delta t) = R(t)N_0 - R(t + \Delta t)N_0 \tag{7-5}$$

失效率为

$$\lambda(t) = \frac{R(t)N_0 - R(t + \Delta t)N_0}{R(t)N_0 \Delta t} = \frac{R(t) - R(t + \Delta t)}{R(t)\Delta t}$$

$$= \frac{1}{R(t)}\left[-\frac{R(t + \Delta t) - R(t)}{\Delta t} \right] \tag{7-6}$$

若 Δt 趋于 0，则

$$\lambda(t) = \frac{1}{R(t)}\left[-\frac{\mathrm{d}R(t)}{\mathrm{d}t} \right] \tag{7-7}$$

失效率是电子产品可靠性分析中的一个非常重要的概念。因为对于电子产品，典型的失效率曲线如图 7-2 所示，称为浴盆曲线。

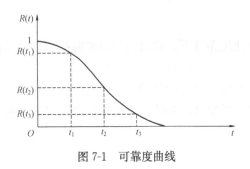

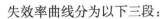

图 7-1 可靠度曲线 　　　　　　　　图 7-2 电子产品的失效率曲线

失效率曲线分为以下三段：

（1）第 1 段。早期失效期。在这一段时间内，由于设备中元器件的质量不良或生产工艺欠佳等原因，失效率比较高。

（2）第 2 段。偶然失效期。随着电子产品工作时间的增加，失效率逐渐下降，设备的状态基本稳定下来，故障的发生率很低。

（3）第 3 段。耗损失效期。随着工作时间的进一步增加，设备中的电子元器件逐渐老化，产品寿命接近衰竭，因此失效率再度上升。

大多数电子产品及计算机设备在出厂前，其元器件均进行了严格的老化筛选和出厂检验，因此可以认为失效率已经越过了早期失效期。如果保证在设备故障率进入耗损失效期之

前更换新的备件，则可以认为产品在整个工作期间内，失效率为一常数，即

$$\lambda(t) = \lambda$$

三、平均寿命

寿命是可靠性的又一种表示，产品的寿命是产品具有可靠性要求条件下的时间表示，是反映可靠性的时间指标。对于不可修复产品，其统计方法为，N_0 个产品在同样条件下试验，各自的寿命分别 t_1，t_2，…，t_{N0}，则平均寿命为 $m = \dfrac{1}{N_0}\sum\limits_{i=1}^{N_0} t_i$，如图 7-3 所示。

考虑产品处于偶然失效期，即 $\lambda(t) = \lambda$，可以证明，当 $N \rightarrow \infty$ 时，则

$$m = \frac{1}{N_0}\sum_{i=1}^{N_0} t_i \xrightarrow{N_0 \rightarrow \infty} m = \int_0^{+\infty} R(t)\mathrm{d}t = \int_0^{+\infty} \mathrm{e}^{-\lambda t}\mathrm{d}t = \frac{1}{\lambda} \tag{7-8}$$

四、可修复产品常用的可靠性指标

对于可修复产品来说，最常用的可靠性指标包括平均无故障时间、平均恢复时间、平均故障间隔时间和可用率。这些指标的一个共同特点都是数学期望值，要通过可靠性试验来得到。

1. 平均无故障时间

平均无故障时间（Mean Time To Failure，$MTTF$）是指失效前时间的数学期望值。对于不可修复产品，例如最基本的元器件，$MTTF$ 指产品故障前的运行时间的数学期望值（即平均寿命 m）；对于可修复产品，$MTTF$ 指产品每次修复后正常运行时间的数学期望值，如图 7-4 所示。

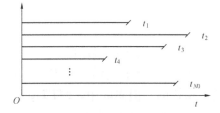

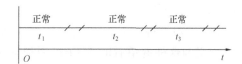

图 7-3　不可修复产品的平均寿命　　　　图 7-4　可修复产品的平均无故障时间

$$MTTF = \frac{1}{n}\sum_{i=1}^{n} t_i \tag{7-9}$$

例如，一个系统在运行 1 万 h（小时）后出现了故障，在排除故障后又运行了 2 万 h 后出现第二次故障，那么该系统的 $MTTF$ 值为（10 000＋20 000）/2＝15 000（h）。

如果再次排除故障后，系统在连续运行 3 万 h 后出现第三次故障，那么此时系统的 $MTTF$ 值就成为（10 000＋20 000＋30 000）/3＝20 000（h）。

这时，可以说这个系统到目前为止的 $MTTF$ 值为 2 万 h，但这种通过实际测量得出的值只是系统运行的历史记录，当系统继续运行时，这个值还会被改变。

理论上，假设系统无限期运行，总的无故障时间和故障次数之比即为该系统准确的 $MTTF$ 值。但实际上不能使系统无限期地运行，因此只能通过有限的运行时间或有限个同样系统运行得到一个测量数据，这种方法称之为实测法。通过实测法得到的数据是有偏差的，所以，只能作为系统 $MTTF$ 值的一个估计指标使用。

$MTTF$ 指标有如下特点：

（1）$MTTF$ 值是一个统计数据，它的准确值只能使用统计的方法得出，而不可以用测量的方法取得。

（2）$MTTF$ 值符合统计规律，即系统的运行时间越长，或同样运行的系统越多，其值越接近理论值。

（3）$MTTF$ 值不能被用来预测系统未来的可靠性，如预测下次故障出现的时间。

2. 平均恢复时间

平均恢复时间（Mean Time To Recovery，$MTTR$）指系统从故障开始到恢复正常的平均时间。系统故障的修复时间包括故障的定位时间、故障的修复时间和系统重新投入运行所需要的时间。在一些文献中也称为平均修复时间（Mean Time To Repair，$MTTR$），这种说法比较狭义，专指排除故障所需要的统计平均时间。IEC 认为 $MTTR$ 中也包括系统自行恢复的情况，如图 7-5 所示。

图 7-5　可修复产品的平均恢复时间

$$MTTR = \frac{1}{n} \sum_{i=1}^{n} t_{fi} \qquad (7\text{-}10)$$

3. 平均故障间隔时间

对于可维修产品，其平均寿命一般使用平均故障间隔时间（Mean Time Between Failure，$MTBF$）来表示，同样也是一个概率统计指标，代表两次故障之间的统计平均时间间隔。

平均故障间隔时间，指系统相邻两次故障发生时刻之间的平均值，其计算式为

$$MTBF = \frac{1}{n} \sum_{i=1}^{n} (t_i + t_{fi}) \qquad (7\text{-}11)$$

由式（7-9）～式（7-11）可以看出，$MTBF$ 值＝$MTTF$ 值＋$MTTR$ 值。

很多文献中习惯将 $MTBF$ 称为平均无故障时间，与 $MTTF$ 相混淆，事实上，IEC 关于 $MTBF$ 的定义与这种混淆后的 $MTBF$ 习惯含义是不相符的。但实际中，$MTTR$ 值≪$MTTF$ 值，因此，$MTBF$ 值≈$MTTF$ 值，习惯上 $MTBF$ 值的计算使用式（7-9）。

4. 可用率

可用率 A 又称为有效率，反映系统的运行效率，指系统的无故障运行时间与系统总运行时间之比，用百分数表示。

$$A = MTTF/MTBF$$

对于一个系统来说，其可用率越接近 100％，表明系统的可用性越高。

第二节　可靠性试验

上述可靠性指标中，$MTTF$、$MTTR$ 和 $MTBF$ 都是统计数据，可用率 A 是使用 $MTBF$ 和 $MTTF$ 计算出来的，因此 A 也是一个统计数据。对于这些统计数据值的获取，一般通过实测法获得。在实际的 DCS 应用中，则进行可靠性试验来测得这些数据。

一、可靠性试验种类

1. 按试验目的分类

可靠性试验按其试验目的可分为可靠性增长试验、可靠性验证试验、元器件筛选试验、

质量验收试验。

（1）元器件筛选试验。目的是通过各种方法，将不符合要求的元器件或产品剔除出去。常用的试验方法有振动、热冲击、机械冲击、波溅等。

（2）可靠性增长试验。目的是暴露产品在设计、工艺、元器件等方面的缺陷，发现薄弱环节加以改进，同时老化产品，使产品进入到可靠性比较稳定的阶段，即偶然故障期。

（3）可靠性验证试验。目的是检验系统设计和制造是否达到了预期的可靠性指标。

（4）质量验收试验。目的是检验产品的可靠性是否符合规定的要求。实际上也是一种验证实验，包括在厂家进行的产品验收试验和现场投运以后的现场验收试验。

前三种可靠性试验一般都是在厂家进行的，这里主要讨论现场进行的质量验收试验。

2. 试验方法

DCS 主要由电子设备组成，系统的使用寿命很长，一般为十几年到几十年，因此其可靠性指标不可能等到系统报废才作出结论。质量验收试验的目的在于，在一个相对比较短，又能充分说明问题的时间内，作出试验的结论。这种试验在可靠性理论中称为截尾试验。按截尾方式和故障部件处理方式有可分为以下几种：

（1）定数截尾试验。试验达到预定的故障次数之后就停止试验，故障次数是确定的，而停止试验的时间是随机的。

（2）定时截尾试验。试验到预定的时间之后就停止试验，停止试验的时间是确定的，而试验中发生故障的次数是随机的。

（3）有替换试验。在试验中，某一部件发生故障，立即换上一个好的备件，使系统的部件总数保持不变。

（4）无替换试验。在试验中，某一部件发生故障，不更换发生故障的部件，使系统带故障运行。

二、可靠性指标的工程计算

1. 试验时间

DCS 中可靠性指标 A 和 $MTBF$ 值的工程计算使用有替换的定时截尾试验法进行。其方法是让系统运行一段时间，记录系统运行的总时间和系统无故障运行的累计时间，以此计算出一个实测的系统可用率，它表明系统在过去的某一个时间段内实际运行的完好率。从系统试验开始，一直到截尾时间到达为止，系统是连续运行的。在此期间，系统的某些部件会发生故障，这些故障轻则使系统暂时失去一些功能，重则使整个系统瘫痪。不管故障的性质如何，都要求及时更换有故障的部件，使系统恢复正常。如图 7-6 所示，试验的截尾时间为 t_t，在此期间一共发生 n 次设备故障，第 i 次故障维修所用的时间（即停用时间）为 t_{fi}（$i=1\sim n$），系统正常工作的时间为 t_i（$i=1\sim n+1$）。

截尾时间的确定在 DL/T 659—2006《火力发电厂分散控制系统验收测试规程》中给出。

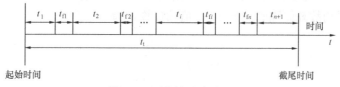

图 7-6　可靠性试验过程

2. 故障的加权系数

在 DCS 的可靠性指标的计算中，还要考虑故障的权重。DCS 由多个部分组成，某一组成部分的故障可能不导致整个系统的停机，这时，可根据这个组成部分对系统实现完整功能的影响确定一个故障加权系数 K_{fi}，该加权系数是一个大于 0 小于 1 的数值，其值越大，表明该组成部分对系统实现完整功能的影响越大，最大时为 1，表明这个组成部分的失效，将导致整个系统的失效。

DL/T 659—2006 中给出 DCS 可靠性计算时使用的加权系数，见表 7-1。

表 7-1　　　　　　　　　　　　　分散控制系统加权系数

装　置	加权系数	装　置	加权系数
操作员站	$n/N^{①}$	每台打印机	0.1
工程师站	0.3	每台硬盘、光盘驱动器	0.20
显示	0.2	每台磁带机、软盘驱动器	0.2
报警	0.2	历史数据和检索	0.1
报表	0.1	SOE	0.2
计算	0.1	服务器	$1.5n/N$
每台 CRT	0.1	控制器模件	n/N
每台键盘	0.1	其他各种模件	n/N
电源	n/N	与其他控制系统通信	0.1
每只鼠标、光笔、触屏②	0.05	每条数据总线	1.0

① N 为总数，n 为故障数

② 用作主要操作手段时，其加权系数同键盘。

3. 计算方法

（1）系统可用率可按下列计算式计算，即

$$A = \frac{t_t - t_f}{t_t} \times 100\%$$

$$t_f = \sum_{i=1}^{n} K_{fi} t_{fi} \tag{7-12}$$

式中　t_t——实际试验时间，它是指整个连续考核统计时间扣除由于非本系统因素造成的空等时间；

　　　t_f——故障时间，它是指被考核系统中任一装置或子系统在实际试验时间内因故障而停用的时间经加权后的总和；

　　　t_{fi}——第 i 个装置或子系统故障停用时间；

　　　K_{fi}——第 i 个装置或子系统的故障加权系数，加权系数见表 7-1。

（2）系统的平均故障间隔时间 MTBF 值的计算式为

$$MTBF = \frac{\sum_{i=1}^{n+1} t_i}{\sum_{i=1}^{n} K_{fi}} \tag{7-13}$$

需要说明的是，按照前面的定义，公式的计算结果为 $MTTF$ 值，即平均无故障时间，而非平均故障间隔时间（$MTBF$），但目前很多文献，包括 DL/T 659—2006 中都习惯的将其定义为 $MTBF$，因此，这里沿用习惯上的说法，使用 $MTBF$。

（3）实际试验时间和故障时间根据运行班志（依据计算机记录）确定。运行班志摘抄表样例见表 7-2。

表 7-2 运行班志摘抄表样例

时 间 年 月 日 时 分	运行或故障情况	机组负荷 （MW）	恢复时间 年 月 日 时 分	工作人

4. 可用率考核

（1）分散控制系统的可用率（A）应达到 99.9％以上。可用率的统计范围只限于分散控制系统本身，不包括接入系统的变送器和执行器等现场设备。

大多数分散控制系统的 $MTBF$ 值都可以达到 50 000h 以上，LN2000 分散控制系统的 $MTBF$ 值大于 100 000h，可用率达到 99.99％。

（2）可用率的统计工作自整套系统投入试运行且机组第一次满负荷后即可开始进行。开始计算可用率的时间可以由供需双方商定。

（3）自开始计算系统可用率的时间起，分散控制系统连续运行 90 天，即 2160h，其间累计故障停用时间小于 2.2h，则可认为完成可用率试验。若累计故障停用时间超过 2.2h，可用率的统计应延长到 180 天，即 4320h。在此期间，累计故障时间不得超过 4.3h。完成系统可用率考核的最高时限为 270 个连续日。若超过这一时限，系统的可用率仍不合格，则认为系统的可用率考核未能通过。

（4）在可用率考核其间，若发生由于 DCS 原因引起的 MFT、汽轮机跳闸、发电机跳闸、MFT 拒动或全部操作员站功能同时丧失，则认为系统的可用率考核未能通过。

（5）可用率考核期间，分散控制系统的各种备件应齐全，且备件应存放在试验现场，出现故障应及时处理，故障时间是指故障设备或子系统的停用时间和故障的正常处理时间，去除因无备件造成的等待时间或其他原因造成的等待处理故障的时间，如发生备件短缺，卖方应在 48h 内提供所缺备件，如超过 48h，48h 后的等待备件时间将累计到故障时间中去。

（6）在 168h 考核期间，如发生由于 DCS 原因引起的机组与电网解列、操作员站功能同时丧失、DCS 通信故障、任何冗余模件同时故障或由 DCS 引起的主要保护功能丧失，则 168h 的 DCS 可用率考核未通过。

第三节　可靠性分析与设计

根据系统中每个设备的可靠性指标求出整个系统的可靠性指标，这就是系统可靠性分析。依据可靠性分析结果，按照一定的技术要求，设计出可靠性高的产品，则是可靠性设计的主要工作内容。

分散控制系统用于发电厂或其他工业过程，因此对其可靠性的要求很高。在分散控制系统中，采用了很多提高可靠性的技术措施，这些措施都是建立在可靠性分析的基础之上的。

要对一个由若干设备组成的系统进行可靠性分析，首先要建立起系统的可靠性分析模型。最基本的可靠性分析模型是串联模型和并联模型。

一、串联模型分析及设计

1. 串联模型分析

在构成系统的多个单元中，只有当所有单元都正常工作时，系统才能完成预定功能，只要一个发生故障，系统就丧失预定功能，这种系统称为串联系统，它的可靠性分析模型即为串联模型。

图 7-7 所示为可靠性串联模型方框图，R_1，R_2，R_3，$\cdots$，R_n 分别表示个单元的可靠度。

图 7-7　可靠性串联模型方框图

系统正常工作的前提是每个单元都正常工作，根据概率分析，系统的可靠度

$$R_s = R_1 R_2 \cdots R_n$$

如前所述，可靠度是时间的函数，各单元都具有相同的工作时间，所以

$$R_s(t) = R_1(t) R_2(t) \cdots R_n(t)$$

对于电子产品，各单元的可靠度函数分别为

$$R_1(t) = e^{\int_0^t -\lambda_1(t)\,dt}, R_2(t) = e^{\int_0^t -\lambda_2(t)\,dt}, \cdots, R_n(t) = e^{\int_0^t -\lambda_n(t)\,dt}$$

则系统的可靠度为

$$R_s(t) = e^{\int_0^t -\lambda_1(t)\,dt + \int_0^t -\lambda_2(t)\,dt + \cdots + \int_0^t -\lambda_n(t)\,dt} = e^{\int_0^t -[\lambda_1(t) + \lambda_2(t) + \cdots + \lambda_n(t)]\,dt}$$

若设系统的故障率为 $\lambda_s(t)$，则

$$\lambda_s(t) = \lambda_1(t) + \lambda_2(t) + \lambda_3(t) + \cdots + \lambda_n(t)$$

$$R_s(t) = e^{\int_0^t -\lambda_s(t)\,dt}$$

可靠性分析中一般考虑系统及各单元都工作于偶然故障期，则可以认为

$$\lambda_1(t) = \lambda_1, \lambda_2(t) = \lambda_2, \cdots, \lambda_n(t) = \lambda_n$$

系统的故障率为

$$\lambda_s(t) = \sum_{i=1}^{n} \lambda_i = \lambda_s$$

系统的平均寿命

$$m_s = \int_0^{+\infty} R_s(t)\,dt = \int_0^{+\infty} e^{-\lambda_s t}\,dt = \frac{1}{\lambda_s} = \frac{1}{\lambda_1 + \lambda_2 + \cdots + \lambda_n}$$

若某系统由两个单元串联组成，各单元的故障率都为 $20 \times 10^{-5}/\mathrm{h}$，各单元的平均寿命为 5000h，则系统的平均寿命为 2500h；若 t 时刻各单元可靠度都为 0.9，则系统的可靠度为 $0.9^2 = 0.81$。若由 4 个这样的单元串联组成，则系统的平均寿命降为 1250h，t 时刻系统的可靠度降为 $0.9^4 = 0.656\ 1$。

可以看出，串联系统的可靠度低于各单元，平均寿命也小于各单元，随着串联单元数目的增多，故障率增大，可靠度降低，平均寿命减小。

2. 提高串联模型系统可靠性的措施

在分散控制系统中，硬件组成主要是电子产品，操作员站、工程师站、系统网络、现场控制站都可以认为是分立的串联模型设备。如图 7-8 和图 7-9 所示，主控制器和过程通道设备中，任一组成环节出现故障，设备的功能就无法实现，因此，在可靠性分析中这些设备都是串联模型。

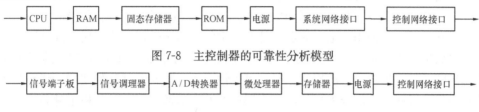

图 7-8　主控制器的可靠性分析模型

图 7-9　过程通道的可靠性分析模型

这些硬件设备是分散控制系统正常工作的基础，也是影响系统可靠性的关键所在，因此，提高这些硬件设备的可靠性是提高整个分散控制系统可靠性的重要措施。而这些设备中，操作员站、工程师站、系统网络等设备向着逐步通用化的趋势发展，其硬件可靠性的提高更多地依赖于计算机生产商，分散控制系统的制造商更着眼于过程通道、主控制器等专有硬件设备的可靠性提高。主要包括以下几个环节：

（1）对元器件进行严格的筛选和老化。在分散控制系统硬件设备生产中应用比较普遍的筛选方法是温度循环法，图 7-10 所示为温度循环变化曲线。这种温度变化是循环进行的，一般要重复 8～10 次。另外，对于温度变化的速度也有一定的要求，一般为 5～20℃/min。温度循环变化可以使元器件产生较大的热应力，使有缺陷的元器件迅速失效，以便将其淘汰。

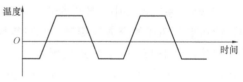

图 7-10　温度循环变化曲线

（2）采用低功耗元器件与低功耗策略。近年来，集成电路的集成度不断增加，电子设备的体积不断减小，单位表面密度增大，随着温度的升高，元器件的失效率呈指数增长。而低功耗的元件发热量比较小，故障率相对高功耗元件比较低，同时，普遍采用低功耗元件和低功耗策略，可以减轻电源的负载，提高电源的可靠性，因此采用低功耗元器件能够提高硬件的可靠性。

LN2000 分散控制系统中，现场控制站的设计采用了以下低功耗元器件：

1）控制器中的中央处理器采用低功耗、散热片冷却方式的 CPU，没有了风扇等转动磨损的易损件。

2）I/O 模块中采用高速 CMOS 工艺制成的集成电路芯片，降低发热量，取消了冷却风扇。

设计中采用了以下低功耗策略：

1）各个电路芯片的空置引脚的处理。对多余的或门、或非门的输入端接低电平，多余的与门、与非门的输入端接高电平，以防止输入端静电感应形成有效输入电平，造成逻辑状态无谓翻转，导致功耗增加。

2）CMOS电路中，当输入电压在转换电压附近时，PMOS管和NMOS同时导通，输出状态不稳定，电路易产生振荡而形成功耗增加。因此，有关的脉冲信号经过施密斯触发电路整形后才输入微控制器。

3）电阻的选择。对于输入引脚需要上拉电阻来驱动的，上拉电路在能满足驱动能力的前提下尽量选大，以减少在上拉电阻消耗的功耗。对于电路中存在的其他电阻，如模件地址拨码开关中的分压电阻，也采取同样的措施。

通过采用上述措施，使得模件的静态功耗和动态功耗大幅下降，在一般情况下，模件的平均功耗低于960mW，从而为模件外壳选用的全封闭式密闭结构奠定了基础。

（3）元器件的降额使用。电子元器件都有一定的使用条件，这些使用条件是以元器件的某些额定参数值来表示的。实践证明，当元器件的工作条件低于额定值时，其工作比较稳定，发生故障的机会比较小。所以为了提高可靠性，往往将元器件降额使用。降额的幅度要从可靠性和经济性两方面综合考虑，因为元器件的额定参数越高，其价格也越高。

（4）环境适应性设计。在系统硬件设计上，充分考虑外界环境因素的影响，包括电磁干扰、温度变化、工业粉尘等，采取相应的环境适应性技术，提高设备抵御外部环境影响的能力，使之在各种不同情况下均能正常工作。

（5）机械单元的设计。在硬件设备中，有很多机械单元影响着设备单元的可靠性，如过程通道的接线端子、CPU风扇等，与电路单元在可靠性模型上也是串联关系，虽然不能按电子单元的故障率计算，但从可靠度角度来讲，其可靠度与其他环节同样遵循概率乘法定理。

LN2000系统模件中接插件全部使用德国菲尼克斯组合式接线端子，这种端子是针式结构，针和座是360°的全方位接触，其可靠性大大高于普通DCS常用的板式接插件。板式接插件的针和座是180°的平面式接触，在工业环境中，由于粉尘和颗粒等因素，板式接插件在几年后容易接触不良，而针式结构接插件不存在这个问题。

在LN2000系统中，使用了低功耗元器件，模块、CPU、24V电源中都采用热传导散热，不使用风扇冷却，没有了这些转动磨损的易损件，提高了设备的可靠性。

二、并联模型分析及设计

1. 并联模型分析

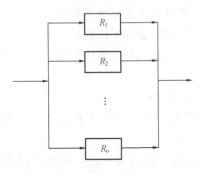

在构成系统的多个单元中，只要有一个单元正常工作，系统就能完成预定功能，只有当所有单元都发生故障时，系统才丧失预定功能，这种系统称为并联系统，它的可靠性分析模型即为并联模型。

图7-11所示为可靠性并联模型方框图，R_1，R_2，$\cdots$，R_n 分别表示个单元的可靠度。

系统正常工作的前提是不是所有的单元都故障，根据概率分析，系统的可靠度为

图7-11　可靠性并联模型方框图

$$R_s = 1 - (1-R_1)(1-R_2)\cdots(1-R_n)$$

如前所述，可靠度是时间的函数，各单元都具有相同的工作时间，考虑各单元具有相同的故障率 λ 和可靠度 R，且系统及各单元都工作于偶然故障期，则

$$R_s = 1 - [1 - R(t)]^n$$

因此系统的可靠度为

$$R_s(t) = 1 - [1 - e^{\int_0^t -\lambda(t)dt}]^n = 1 - (1 - e^{-\lambda t})^n$$

若系统由两个同样的单元构成，即 $n=2$，则

$$R_s(t) = 1 - (1 - e^{-\lambda t})^2 = 2e^{-\lambda t} - e^{-2\lambda t} = [2 - R(t)]R(t)$$

因此系统的平均寿命

$$m_s = \int_0^{+\infty} R_s(t)dt = \int_0^{+\infty} (2e^{-\lambda t} - e^{-2\lambda t})dt = \frac{2}{\lambda} - \frac{1}{2\lambda} = \frac{3}{2\lambda} = \left(1 + \frac{1}{2}\right)\frac{1}{\lambda}$$

若某系统由两个单元并联组成，各单元的故障率都为 $20 \times 10^{-5} h^{-1}$，各单元的平均寿命为 5000h，则系统的平均寿命为 7500h；若 t 时刻各单元可靠度都为 0.9，则系统的可靠度为 $1 - (1 - 0.9)^2 = 0.99$。

可以看出，并联系统的可靠度高于各单元，平均寿命大于各单元。

若系统由三个同样的单元构成，即 $n=3$，则

$$R_s = 1 - (1 - R_1)(1 - R_2)(1 - R_3)$$
$$= 3e^{-\lambda t} - 3e^{-2\lambda t} + e^{-3\lambda t}$$

$$m_s = \frac{3}{\lambda} - \frac{3}{\lambda + \lambda} + \frac{1}{\lambda + \lambda + \lambda} = \frac{11}{6}\frac{1}{\lambda} = \left(1 + \frac{1}{2} + \frac{1}{3}\right)\frac{1}{\lambda}$$

随着并联单元数目的增多，按同样的方法计算平均寿命，即

$$m_s = \left(1 + \frac{1}{2} + \frac{1}{3} + \cdots + \frac{1}{n}\right)\frac{1}{\lambda}$$

由此可见，采用并联设备组成的系统，其平均寿命大于单个设备，并联设备越多，平均寿命越长，每增加一个并联单元，平均寿命的增加量见表 7-3。

表 7-3 增加并联单元后平均寿命的增加量

并联数	$R=0.6$			$R=0.9$			相对一个单元平均寿命	相对一个单元平均寿命的增加量 Δm
n	$R_{s,n}$	$R_{s,n}/R_1$	$R_{s,n}/R_{s,n-1}$	$R_{s,n}$	$R_{s,n}/R_1$	$R_{s,n}/R_{s,n-1}$	$m_{s,n}/m_1$	$(m_{s,n} - m_{s,n-1})/m_1$
1	0.6	1		0.9	1		1	
2	0.84	1.4	1.4	0.99	1.1	1.1	1.5	0.5
3	0.936	1.56	1.114	0.999	1.11	1.009	1.83	0.33
4	0.974	1.62	1.04	0.999 9	1.111	1.000 9	2.08	0.25
5	0.990	1.649	1.016	0.999 99	1.111 1	1.000 09	2.28	0.2
…	…	…	…	…	…	…	…	…
n							$1 + \frac{1}{2} + \frac{1}{3} + \cdots + \frac{1}{n}$	$\frac{1}{n}$

增加量随并联设备的增加而减小。在一般情况下，一个系统从无冗余到双重冗余，系统可用率会有很大的提升。从两重冗余提高到三重，也有较大的提升，但效果已没有那么明显，而系统的复杂性和成本将会成倍上升。当 $n>3$ 时，再增加设备对提高系统可靠性的作

用就不大了，所以，在实际应用中，n 常取 2 或者取 3。同时，也可以说明，系统的原始可靠度越低，冗余的效果越明显。

2. 冗余技术

用两个或两个以上的单元、设备或系统并行工作，只要其中一个单元、设备或系统能够正常工作，系统就可以正常工作。这种方法是以增加多余资源来换取系统的可靠性，称为冗余技术。

冗余技术主要分为三类：①静态冗余。只利用冗余的资源把故障的后果屏蔽掉，冗余单元间没有切换动作。②动态冗余。发现故障后，对有故障的单元进行切换，使用正常运行的单元替换。③混合冗余。上两种方法的组合。

（1）静态冗余。在 DCS 中，电源是十分重要的部件，为提高电源的可靠性，常采用两组电源并联工作。如图 7-12 所示，只要有一组电源能够正常工作，就可以保证向负载供电。发生故障的电源由于有二极管的隔离作用，不会对另一组电源产生影响。其中一路电源故障后，不需要切换动作，是标准的并联模式。

除电源系统采用不无切换的静态冗余方式外，LN2000 系统中系统网络的冗余也采用这种可靠的冗余方式，双网同时运行，网络各站点把要发送的信息同时发送到两个网络端口，同时侦听两个端口以接收信息，因此一个网络故障后，不会对另一个网络产生影响，也不会对各站点的数据产生影响，各站点不间断地在正常运行的网络上接收和发送数据。

（2）动态冗余。动态冗余又称为储备冗余，一般有冷储备、温储备和热储备之分。

1）冷储备。冷储备系统一般由 $n+1$ 个单元和一个高可靠性的切换开关组成。在某一时刻，只有一个单元在工作，其余 n 个单元在储备。当工作单元失效时，切换开关切换到另一位置，连接一个储备单元并把故障单元断开，系统继续工作，如图 7-13 所示。假设不对故障单元进行维修，系统可以连续工作的时间，即平均故障间隔时间为

$$MTBF_s = \sum_{i=1}^{n+1} MTBF_i$$

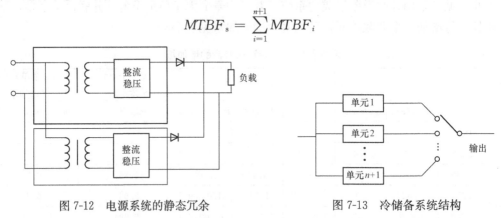

图 7-12　电源系统的静态冗余　　　　图 7-13　冷储备系统结构

以上分析中假定切换开关是绝对可靠的，但事实上切换开关本身也有故障的可能。因此，对于一个二重冗余的冷储备系统，假设切换开关的可靠度为常数 R_d，其平均故障间隔时间为

$$MTBF_s = \frac{1}{\lambda_1} + R_d \frac{1}{\lambda_2} = MTBF_1 + R_d MTBF_2$$

若二重单元的失效率相同，即 $\lambda_1 = \lambda_2 = \lambda$ 时，则

$$MTBF_s = \frac{1}{\lambda_1} + R_d \frac{1}{\lambda_1} = MTBF_1 \times (1 + R_d)$$

若开关完全可靠，则 $MTBF_s = 2MTBF_1$。

这种方法储备单元完全不运行，成本低而且实用，在允许局部有短暂停用状态（几分钟到几十分钟）的系统中多采用这种方式，切换系统设计简单，甚至可以手动方式完成切换。

2）温储备。温储备和冷储备的主要区别在于温储备的储备单元处于通电状态，但又和正常工作单元不同，它不带负载或仅带部分负载。因此，在计算可靠性时须考虑温储备期间的储备失效率。而冷储备方式下可靠性计算时则不考虑储备失效率。

考虑一个二重冗余的温储备系统，工作单元失效率为 λ_1，储备单元在储备期间的失效率为 μ，储备单元在工作期间的失效率为 λ_2，切换开关的可靠度为常数 R_d，则

$$MTBF_s = \frac{1}{\lambda_1} + R_d \frac{1}{\lambda_2} \frac{\lambda_1}{\lambda_1 + \mu}$$

若开关完全可靠，计算式为

$$MTBF_s = \frac{1}{\lambda_1} + \frac{1}{\lambda_2} \frac{\lambda_1}{\lambda_1 + \mu}$$

这种方式下切换过程一般可自动完成，无需人工干预，优点是构造简单，容易做成高可靠的设备，成本也比较低。

3）热储备。在热储备与温储备基本一致，只是备用单元和工作单元处于完全相同的工作条件下，即储备期间的失效率 μ 等于工作期间的失效率 λ_2。

切换开关的可靠度为常数 R_d，则

$$MTBF_s = \frac{1}{\lambda_1} + R_d \frac{1}{\lambda_2} \frac{\lambda_1}{\lambda_1 + \lambda_2}$$

若二重单元的失效率相同，即 $\lambda_1 = \lambda_2 = \lambda$ 时，则

$$MTBF_s = \frac{1}{\lambda_1} + R_d \frac{1}{\lambda_2} \frac{1}{2}$$

若开关完全可靠，计算式为

$$MTBF_s = \frac{1}{\lambda} + \frac{1}{\lambda} \frac{1}{2} = \left(1 + \frac{1}{2}\right) \frac{1}{\lambda} = \left(1 + \frac{1}{2}\right) MTBF$$

相当于标准并联系统的平均寿命。

热储备方式下各单元运行完全同样的程序，完全并列的运行模式，只是储备单元不对现场输出控制信号，处于一种"哑"状态。这种方式下可靠性很难做得很高，成本也相当高。

3. 现场控制站的冗余方式

分散控制系统中现场控制站的冗余方式一般使用热储备方式，系统对切换时间、切换开关的可靠性和切换时的无扰措施有着极其严格的要求。

主备系统进行切换时，在切换瞬间系统输出存在扰动的可能，如何解决切换瞬间的扰动，是现场控制站冗余的关键问题。

主备模块都会几乎同时（最多相差一个控制周期）采集到所有的输入类信息，所以切换扰动的原因不在于实时采集值的差异，而是与时间有关的变量在主备机上不同所致。

所谓与时间有关的变量，一类是事件型开关量输入，该类时间相当于电信号中的上升沿事件或下降沿事件，另一类是变量的累积值，比如 PID 的积分初值，定时器的计数值。还

有一些与时间有关的中间变量，如滤波环节中的前几周期数值。

（1）数据周期拷贝法。将主机的时间相关变量，周期性的复制到备份机，并刷新备份机的对应变量的当前值。复制周期越短，扰动的可能性越小。

（2）主备运算同步法。在备机上电或复位初始化时，复制一次主机的数据，然后进入同步运算，该过程称为重构。

三、一般系统的可靠性分析与设计

冗余按结构分类可以划分为：无表决无切换型式，如前所述冷储备方式；有表决有切换型式，如现场控制站的冗余；有表决无切换型式，如自动控制系统中常用的"三取二"表决方式。

表决系统主要用来提高系统的可靠度，常见的"n中取k"系统如图 7-13 所示，当组成系统的 n 个单元中，有 k 个或 k 个以上的单元完好时，系统正常。在电厂控制系统中，尤其是热工保护系统中，如主燃料跳闸（MFT）逻辑，常常要求很高的可靠性，而且还要防止其误动作，在这种情况下，常采用表决系统。

三取二系统结构与实现如图 7-14 所示。

实际系统的可靠性模型不能用简单的串、并联可靠性框图来描述，因此要分析这些系统

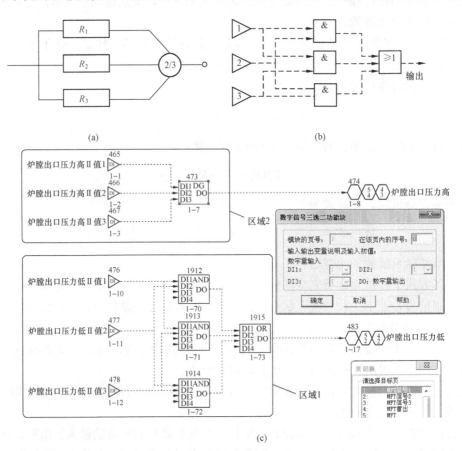

图 7-14　三取二系统结构与实现

（a）"三取二"表决方式模型；（b）"三取二"表决方式实现；

（c）LN2000 组态实现"三取二"表决方式的两种方法

的可靠性，需要使用不同的方法，如状态枚举法、全概率分析法、最小路集分析法、最小割级分析法等。表决系统就可以通过状态枚举法来进行分析。

系统正常运行的前提是至少有两个单元完好，所以列出可靠性的表示形式为

$$R_s = R_1R_2R_3 + R_1R_2(1-R_3) + R_1(1-R_2)R_3 + (1-R_1)R_2R_3$$
$$= R_1R_2 + R_1R_3 + R_2R_3 - 2R_1R_2R_3$$
$$R_s(t) = e^{-(\lambda_1+\lambda_2)t} + e^{-(\lambda_1+\lambda_3)t} + e^{-(\lambda_2+\lambda_3)t} - 2e^{-(\lambda_1+\lambda_2+\lambda_3)t}$$

当 $\lambda_1 = \lambda_2 = \lambda_3$ 时，则

$$MTBF_s = \frac{1}{2\lambda} + \frac{1}{2\lambda} + \frac{1}{2\lambda} - 2 \times \frac{1}{3\lambda} = \left(\frac{3}{2} - \frac{2}{3}\right)\frac{1}{\lambda} = \frac{5}{6}\frac{1}{\lambda} = \frac{5}{6}MTBF$$

由计算式可以看出，三取二表决系统的平均故障间隔时间反而比单一系统的平均故障间隔时间小，那么采取三选二表决系统的目的何在？下面比较一下三取二系统的可靠度 $R_s(t)$ 和单一系统的可靠度 $R_s(t)$。

计算两者可靠度相同的时刻 t，有

$$R_s(t) = 3e^{-2\lambda t} - 2e^{-3\lambda t} = e^{-\lambda t} = R(t)$$

可得

$$t = -\ln 0.5 \frac{1}{\lambda} = 0.693 MTBF$$

当时间 t 小于 $0.693MTBF$ 时，三取二的可靠度要高于普通系统的可靠度。在实际应用中，系统的工作时间一般要远远小于平均故障间隔时间。所以，大多数情况下，三取二系统的可靠性要高于单一系统，如图 7-15 所示。另外，三取二系统也可以显著地减少系统在随机干扰下误动作的可能性。所以，在保护系统中，三取二表决是一种很重要的方法。

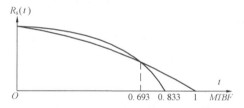

图 7-15 三取二系统与单一系统的可靠性曲线

四、分散程度对系统可靠度的影响

工业生产过程如电厂的生产运行，会分为多个子系统，每个子系统又会有多个控制回路，回路控制是电厂控制的基本单元，如电厂过程控制会分为锅炉、汽轮机、电气三大部分，锅炉部分又分为风烟系统、燃料系统、给水系统、减温水系统、FSSS 等子系统，减温水子系统包括过热汽温控制和再热汽温控制，由多个控制子回路构成，过热汽温控制根据电厂规模分为二级或者三级减温系统，每一级又根据物理管路铺设分为甲侧和乙侧，如图7-16所示。子回路控制可以使用单回路控制、串级控制、导前微分控制等基本控制方案。这样，对一个电厂生产过程的控制可以理解为：过程的基本控制单元是回路，回路组成子系统，子系统构成整个生产过程。

生产过程包括 m 个基本控制回路，对于这些控制回路的分配，有以下不同的形式：

（1）完全独立。一个子系统只有一个控制回路，整个生产过程由 m 个子系统组成，这些子系统在可靠性意义上是完全独立的，一个子系统的故障不会影响到其他子系统。

（2）完全相关。一个子系统由 m 个控制回路组成，即整个生产过程是一个大系统，一个失效，整体失效。

（3）部分相关。多个关联密切的基本控制回路组成 l 个子系统（$l < m$），整个生产过程

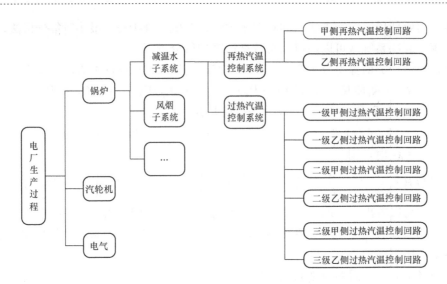

图 7-16 电厂控制系统结构示意图

由 l 个子系统组成，子系统相对独立。

当采用分散控制系统来控制一个生产过程时，是把整个生产过程中所需要进行控制的若干个回路，分配给不同的主控制单元去实现。对于这些控制回路的分配，也有如下不同的形式：

(1) 一个控制单元只控制一个回路，完全分散控制。

(2) 一个控制单元控制所有回路，集中控制。

(3) 一个控制单元控制其中一些回路，分组分散控制。

考虑各子系统过程通道设备和各控制单元的失效率，基于关系矩阵模型分析，可以得出：对于互不相关的生产过程，使用完全分散控制方案可靠性最高，但成本高；对于部分相关系统，分组分散控制方案可靠性最高；完全相关系统，集中控制的可靠性反而更高。火电厂属于部分相关系统，采用分组分散控制方案。

控制系统的可靠度由被控对象本身的关联程度、被控对象与控制器之间的连接方式两方面决定。为提高系统的可靠度，应尽量使每一个基本控制单元对应一个或多个在可靠性意义上独立的子系统，尽量减少控制器与子系统之间的交叉连接。

第八章

分散控制系统的应用

第一节 应 用 阶 段

分散控制系统（DCS）的应用包括选型、设计、组态、调试、验收与维护等多个阶段。

一、DCS 的选型

DCS 综合了计算机、自动控制、显示和网络通信（4C）等技术，系统涉及面广，并且这些技术发展迅速。国内外 DCS 厂家众多，针对同一工程项目，往往有多个 DCS 厂家竞标，因此，如何从多个各具特色的 DCS 中选择最适合自身项目要求的系统，是 DCS 应用过程中最关键也是最棘手的问题之一。

在 DCS 的选型之前，项目规模和投资预算这部分工作应该在项目的准备阶段完成。根据初步设计确定 DCS 所要实现的功能、系统输入/输出点数，初步给出系统配置，并进行工程概算，编制《功能规范书》和《询价（规范）书》，初步给出系统配置。这部分是 DCS 选型的基础，要由工程管理部门、设计部门、安装调试部门和使用维护部门的有关人员共同参与制定。

DCS 选型时应该考虑到以下几个方面：

（1）DCS 的性能评价。对 DCS 只用简单的优劣加以区分是不科学的，特别是由于不同的系统各有所长，很难直接进行评价。从 DCS 使用功能角度，要分别对过程控制站、操作员站、工程师站、通信网络、应用软件等各个方面进行分析比较，从而选择出对于自身项目性能价格比最优的 DCS。

在 DCS 性能评价和选型时，可以参考以下几条原则。

1）可靠性原则。

2）实用性原则。

3）先进性原则。

4）经济性原则。

（2）DCS 厂家及承包商的技术力量。

（3）售后服务。

以上给出的只是 DCS 选型中需要考虑的几个主要因素，在实际工程中还需要考虑的更全面，综合这些因素，选择适合的 DCS 产品。

二、系统设计

DCS 设计可以分为方案设计和工程设计两个阶段。

1. 方案设计

针对选定的 DCS，结合具体项目的生产工艺流程，确定系统的软硬件配置。

硬件配置主要包括过程控制站、操作员站、工程师站、通信网络、端子柜、UPS 电源等的数量、规格、型号、容量等内容。

软件配置主要包括保证系统运行的基本软件，以及用于提供外部数据接口、优化控制、机组性能分析、故障诊断等功能的高级软件。

值得注意的是，方案设计时一定要使 DCS 各部分都留有余量，以减轻系统负担，并为今后修改、扩充提供方便。同时，要有足够的备品备件，这样可以减少运行后的维护费用并缩短维护周期。

2. 工程设计

工程设计阶段主要完成各类工程图纸设计和 DCS 应用软件设计。工程设计阶段生成各种图纸与说明文件，供 DCS 组态、调试时使用，主要包括以下内容：

（1）系统 I/O 清单。

（2）系统硬件布置图。

（3）过程控制系统原理图。

（4）显示画面类型及结构。

（5）操作画面及操作方式设计。

（6）报警、报表、归档功能。

（7）与其他系统的数据交换。

三、DCS 组态

DCS 组态实际上就是将系统设计内容用 DCS 软硬件平台予以实现。DCS 组态主要包括以下内容。

1. 系统配置组态

主要是指 DCS 中工程师站、操作员站、现场控制站的主机系统配置信息及外设类型、I/O 模件信息，一般在 DCS 组态软件中实现。

2. 实时数据库组态

实时数据库中一般包括两部分的数据点信息：一类是过程采集点，另一类为中间计算点。过程采集点为 I/O 清单内容，中间计算点是在进行控制计算、操作及报表组态时产生的中间点。

无论哪一类数据点，都要在数据库中占据一个记录的位置，其中给出了该点的点号、点名、描述等相关信息。数据库组态是系统组态中应尽早完成的工作，因为只有有了系统数据库，其他的组态工作，如控制算法组态、操作画面组态才可以进行。系统数据库是 DCS 软件的核心，因此数据录入时一定要认真仔细，数据库中一个小的错误会给其他组态带来极大的麻烦，造成很多重复工作，在运行时也会带来很多问题，如显示错误、操作不当等，甚至引起死机。

3. 控制算法组态

控制算法组态指的是将系统设计时完成的过程控制系统原理图用 DCS 中的控制算法组态软件实现。一般来说，控制算法组态是 DCS 组态中最为复杂、工作量最大、难度最大的部分。

控制算法组态时，应注意以下几个方面：

（1）熟练掌握所使用DCS中的算法功能块，包括各功能块的功能、输入/输出类型、含义及参数。

（2）熟练使用DCS的控制算法组态软件。

（3）熟练掌握DCS的典型设计内容，如操作回路、跟踪回路、报警回路、驱动回路等，以提高组态效率，减少组态错误。

（4）组态时树立安全第一的思想，充分考虑故障时的控制方式、输出限位与故障报警等内容。

（5）组态时还要考虑系统调试和整定的方便性，合理分配页面内容。

4．历史数据库组态

DCS的历史数据库一般用于事故分析、趋势显示、报表分析等。历史数据占用很大的系统资源，特别是存储频率较快的数据点多的时候，会给系统增加较大的负担。每套DCS都给出了系统支持的各类历史点的数量，组态时应该保证重要的数据按指定周期进入历史数据库的前提下，大量的一般数据应尽量延长其在历史数据库中的存储周期。

5．操作员站画面组态

在DCS中，运行人员主要通过操作员站画面来观察生产过程运行情况，并通过画面提供的操作窗口（软操作器）来干预生产过程，因此画面设计是否合理、操作是否方便都会对运行产生重要影响。一项工程往往具有上百幅显示操作画面，画面层次结构、画面调出方式、画面风格乃至画面色彩配合都需要认真设计，这一部分工作也会占据相当大的组态时间。

6．报警组态

主要包括选择需要报警的参数、报警方式、显示形式及激活条件。

7．报表组态

主要包括选择需要报表打印的参数、设计报表格式及报表激活条件。

四、DCS调试

DCS调试包括静态调试和动态调试两个阶段。

1．静态调试

（1）通电试验。

（2）I/O卡件性能测试。

（3）组态软件编译下装。

（4）外加仿真信号对系统进行测试。

2．动态调试

动态调试是指DCS与生产现场相连时的调试。由于生产过程已经处于运行或试运行阶段，此时应以观察为主；当涉及必需的系统修改时，应做好充分的准备和安全措施，以免影响正常生产，更不允许造成系统或设备故障。

动态调试一般包括以下内容：

（1）观察过程参数显示是否正常，执行机构操作是否正常。

（2）检查控制系统逻辑是否正确，并在适当时候投入自动运行。

（3）对控制回路进行在线整定。

（4）当系统存在较大问题时，如需进行控制结构修改、增加测点时，应尽量在停机状态下重新组态下装。若条件不允许，也可以进行在线组态，但要熟悉在线组态的各个环节并做好应急措施。

五、DCS 验收测试

经过了以上选型、设计、组态、调试等工作之后，DCS 基本具备了验收测试的条件。DCS 的验收测试可以分为两部分工作，即出厂测试验收和工程竣工验收。出厂测试验收工作是一项非常重要的工作，是 DCS 项目实施过程中最重要的检测点，因为测试验收合格后，系统就具备了包装运输到现场的条件。出厂测试验收工作大都 DCS 厂家进行，组织工作一般由 DCS 厂家完成。DCS 厂家的生产测试环境、测试工具及调试手段都比较齐全，发现问题后能够迅速组织开发人员、调试人员和相关专家研究解决办法，对问题的响应和解决速度相对较快。

系统到了现场，就由用户和 DCS 工程服务人员进行现场调试工作了，如果系统本身存在一些问题，在现场分析和解决就相对困难，问题解决的速度相对要慢一些。

现场调试工作完成之后，系统应处于正常投入运行状态，这时要对 DCS 进行现场测试和验收，即工程竣工验收。这一步非常关键，因为工程竣工验收之后，DCS 厂家就完成了向用户的交货，而且现场验收合格之后就是 DCS 厂家提供质保服务工作（质保期）的开始。现场验收的组织工作由用户完成。DL/T 659—2006 详细制定了火力发电厂 DCS 验收测试的内容、方法，以及应达到的标准，适用范围为单机容量为 125～600MW 等级机组的火力发电厂新建和技术改造工程的 DCS，以及由可编程序控制器和用于汽轮机控制系统的以微处理机为基础的其他控制系统。该标准不仅适用于最终验收测试，也适用于 168h（72h）验收测试，这里简要介绍如下：

1. 测试条件

（1）接入 DCS 的全部现场设备，包括变送器、执行器、接线箱，以及电缆等设备均应按照有关标准进行安装、调试、试运行并按要求验收合格。

（2）DCS 的硬件和软件应按照制造厂的说明书和有关标准完成安装和调试，并已投入连续运行。

（3）火电机组及辅机在试生产阶段中已经稳定运行，且 DCS 随机组连续运行时间超过90 天。

（4）DCS 的工作环境符合规定的技术指标。

（5）DCS 投入运行后的运行记录应完整。

（6）DCS 的供电电源品质应符合制造厂的技术条件。

（7）测试所需的计量仪器应具备有效的计量检定证书。计量仪器的误差限应小于或等于被校对象误差限的三分之一。

（8）DCS 的 CPU 负荷率、通信负荷率的测试方法由 DCS 厂家提供，经用户认可后方可作为测试方法使用。如 DCS 厂家不能提供测试方法，则由用户设法提供测试方法，作为考核 CPU 负荷率、通信负荷率的标准。

（9）DCS 的接地应符合制造厂的技术条件和有关标准的规定。

2. 测试内容

（1）功能测试。包括输入和输出功能的检查、人机接口功能的检查、显示功能的检查、事件顺序记录和事故追忆功能的检查、历史数据存储功能的检查、机组安全保证功能的检查、输入测点冗余功能的测试、DCS 的远程 I/O 通信接口的测试检查、各控制系统之间的通信接口测试检查、DCS 与 SIS 的通信接口测试检查、GPS 功能检查，以及 DAS 性能计算检查。

（2）性能测试。包括系统容错能力的测试、供电系统切换功能的测试、模件可维护性的测试、系统的重置能力的测试、系统储备容量的测试、输入/输出点接入率和完好率的统计、系统实时性的测试以及系统各部件的负荷测试。

（3）抗干扰能力测试。包括抗射频干扰能力的测试、现场引入干扰电压的测试、对共模干扰电压及差模干扰电压的要求。

3. 文档验收

包括 DCS 文档资料及测试报告。文档资料除纸质文本外都应有电子文档，而且是竣工版，与现场完全一致。

4. 可用率考核及可靠性评估

DCS 的可用率（A）应达到 99.9% 以上。可用率的统计范围只限于 DCS 本身，不包括接入系统的变送器和执行器等现场设备。

第二节　600MW 火电机组主控分散控制系统设计

本节以某 600MW 火电机组主控分散控制系统为例，介绍分散控制系统在工程实际中的应用。

某发电厂新建工程安装 2×600MW 超临界燃煤空冷汽轮发电机组，规划容量为 4×600MW 超临界燃煤空冷汽轮发电机组。主机选用国产超临界褐煤直接空冷机组，烟气脱硫采用石灰石—湿法烟气脱硫设施。

一、DCS 总体设计原则

1. 工艺过程划分

DCS 设计的一个重要原则就是避免系统耦合，将危险尽量分散。当设计实施大中型 DCS 项目时，每套 DCS 包含的主控制器可能有 10～40 对。如何将整个工艺过程进行合理的划分，将控制功能恰当地分配给每一对控制器，是首先要考虑的大问题。

进行工艺过程划分的首要原则是各工艺过程之间耦合最少。所谓耦合最少，就是说工艺过程之间相互引用的物理 I/O 点或逻辑变量最少。这样，将每个相对独立的工艺过程的控制分配到不同的主控制器时，可以从体系结构上获得较高的可靠性。

如果两个工艺过程之间不可避免地出现需要引用对方 I/O 数据的情况，存在两种引用途径：一种是通过系统网络用通信的方式实现，称为软引用；另一种是通过 I/O 模块之间直接连接信号线引用，将一个站的输出通道用电缆连接到另一个站的输入通道，称为硬接线引用。由于软件系统的复杂性，一般情况下硬接线引用方式的可靠性要高于软引用，但是即使是硬接线引用，也是不得已而为之。当两个工艺过程之间需要引用的 I/O 数量过多时，通过硬接线引用的成本会明显上升，所以只能通过软引用来解决。理论上，在这种情况下，DCS 系统耦合成了一个整体，就像一团乱麻，任何一个站的崩溃都可能导致整个系统崩溃，DCS 系统不再是"分布式控制系统"，变成了"集中控制系统"，如图 8-1 所示。

所以，在设计 DCS 时应尽量避免工艺过程耦合，从而避免站间信号引用。当然，要完全避免站间引用是不可能的，应尽可能坚持以下原则：

（1）站间引用越少越好。

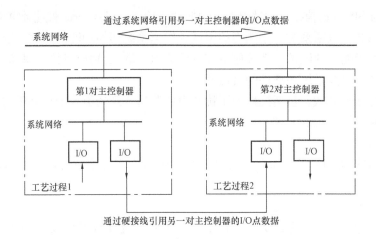

图 8-1　工艺过程的耦合与站间引用

（2）对于 PID 或连锁逻辑控制的控制算法，严禁使用软引用，引用不可避免时应使用硬接线引用。

（3）对于纯粹的数据采集站（DAS），由于没有控制功能，可以使用软引用。

2. 物理容量配置

一般来说，物理 I/O 的容量主要不是受主控制器的限制，而是受机柜、端子及走线槽等空间的限制及机柜 I/O 电源容量的限制。

3. 逻辑容量设计与控制周期设置

即使工艺过程间的耦合很小，I/O 物理容量也没有问题，但如果该工艺过程的控制算法过于复杂，出于控制精度和响应速度的考虑，在控制周期不可再增长的情况下，将导致主控制器的负荷率过高，则该工艺划分仍然是行不通的。所以当工艺过程划分完毕后，如果没有类似项目的经验可以参考，应针对最复杂的一个工艺过程对主控制器的负荷率作一个提前的评估。一般是先将其基本的控制算法初步组态出来，实际测试主控制器的负荷率。只要在正常稳定情况下负荷率小于 40％，就可以接受。

至于控制周期的设定，应根据控制对象本身的响应速度来考虑。比如汽轮机控制系统，控制周期一般设定在 50ms；而锅炉控制，控制周期设定在 200ms～1s 也完全可行。关于控制周期设定的数学估算，在很多的离散控制理论（或称计算机控制理论）书籍里都能找到。

4. 控制算法设计

即使 DCS 的硬件系统和平台软件的可靠性很高，如果应用算法设计不恰当，仍会带来安全性和可靠性隐患。这方面没有完美的理论可以遵循，只有一些积累的工程实践经验可以参考，这些积累来自两个基础：一方面是实施人员对 DCS 系统本身的理解，另一方面是实施人员对工艺过程的理解。这两个因素导致了 DCS 设计实施人员的专业化和行业化发展，也产生了很多专职于某个行业（如电力、石化、核电等）进行 DCS 工程设计的服务公司（典型的如设计院及一些工程公司）。

二、DCS 硬件设计

DCS 包括数据采集（DAS）、模拟量控制（MCS）、锅炉炉膛安全监控（FSSS）、顺序控制（SCS）、电气控制（ECS），以及公用系统等。根据设计的控制系统输入输出数据表

（I/O 点表），按照生产工艺流程，对 DCS 系统过程控制站数量、功能进行分配。在该工程项目中，DCS 共配置控制器的数量为 34 对，其中 MCS 为 3 对，SCS 为 17 对，FSSS 为 5 对，ECS 为 4 对，空冷岛为 3 对，BPS 为 1 对，远程站为 1 对。远程 I/O 控制器的安装位置在电子间控制柜内，包括 1 台工程师站，1 台历史站，5 台操作员站，1 台值长站。过程控制站详细分配见表 8-1。系统硬件配置如图 8-2 所示。

表 8-1　　　　　　　　　　　　　**过程控制站分配表**

PU 站号	系统名称	包括主要设备
1	FSSS1	MFT、火检风机、密封风机、供油阀、回油阀等
2	FSSS2	等离子、AB 层油、CD 层油、EF 层油、其他
3	FSSS3	AD 磨煤机、A，D 给煤机、AB 层油、磨油站、冷热风门
4	FSSS4	BE 磨煤机、BE 给煤机、CD 层油、磨油站、冷热风门
5	FSSS5	CF 磨煤机，CF 给煤机、EF 层油、磨油站、冷热风门
6	CCS1	锅炉主控、二次风
7	CCS2	给水控制
8	BSCS 锅炉汽水	过热器、再热器系统及疏水
9	BSCS 风烟 A	A 侧送风机和引风机、一次风机及油站、本体监测，空气预热器
10	BSCS 风烟 B	B 侧送风机和引风机、一次风机及油站、本体监测，空气预热器
11	BSCS 锅炉疏水	锅炉排汽及本体疏水，PCV 阀
12	BSCS 暖风器系统	暖风器系统、吹灰系统
13	BSCS 炉给水	锅炉启动系统
14	除渣系统	除渣系统、暖风器系统
15	油系统	大汽轮机润滑油系统、EH 油系统
16	凝水系统	凝泵 A、低压加热器系统、真空系统
17	给水系统	凝泵 B、除氧系统、高压加热器系统
18	轴封及辅汽	轴封、辅汽
19	给水 1	A 电动给水泵及汽轮机疏水 1
20	给水 2	B 电动给水泵及汽轮机疏水 2
21	给水 3	C 电动给水泵及其他
22	汽轮机主控	汽轮机主控及其他
23	开闭式水	开闭式泵及其他
24	旁路控制	BPS
25	发电机氢、油、水	不包括 IDAS 测点
26	电气 1	发电机—变压器组
27	电气 2	厂用电 1
28	电气 3	厂用电 2
29	空冷岛系统 1	第 1 列、第 3 列、第 7 列风机
30	空冷岛系统 2	第 4 列风机、真空泵
31	空冷岛系统 3	第 2 列、第 5 列、第 6 列风机
32	燃油泵房远程	远程 I/O 柜
33	热工公用	空气压缩机 A、B、C、D
34	电气公用	

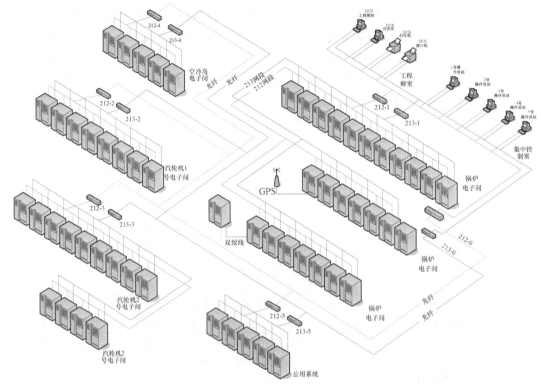

图 8-2 系统硬件配置

三、监控画面设计

监控画面包括锅炉、汽轮机、电气运行流程画面、自启停流程帮助画面、棒状图 （BAR）、趋势图（TREND）等。在流程图上，运行人员可以监视到各主要参数的实时数值，并可根据其颜色判断其报警状态，从被控设备上可以直接调出相应的操作画面，在监视实时参数的同时进行控制操作。

监控画面分为机组主控系统、锅炉显示操作系统、汽轮机显示操作系统和电气显示操作系统。其中机组主控图 1 幅、锅炉流程图 27 幅、汽轮机流程图 30 幅、电气流程图 11 幅、菜单 4 幅、软光字牌报警 7 幅。另外，自启停流程帮助画面、棒状图（BAR）、趋势图 （TREND）、机组运行报表、顺序事件记录（SOE）等可在对应流程图上方便调出。

1. 流程图画面

流程图画面共有快捷键 48 个，画面调用盘 32 个，操作键盘 16 个。运行人员经常使用的画面快捷键布置在操作键盘上，其余画面布置在画面调用盘上。每一幅画面都有缩写名称，可以通过输入画面名调用画面。设备和阀门的操作采用两位字符（第一位数字，第二位字母）进行标识，可以直接输入字母或采用鼠标调出设备和阀门的操作框，所有操作框固定在画面右下角区域显示。

主操作画面主要显示工艺流程、系统参数及设备运行状态，在主画面上可以对设备的启停、阀门开关、设备的连锁/备用进行操作。

在帮助画面上可以进行设备顺序控制功能组启动和停止，设置设备启动允许条件及跳闸条件，以及首出条件等信号。

调节控制画面主要对模拟量进行操作和控制，可以进行自动投入和退出，设定值的修改，显示自动投入条件和报警，显示自动系统调节过程和相关系统的参数变化。

电气操作画面以操作点尽量集中、减少，尽量防止误操作为原则。

具体画面见图 8-3～图 8-5，说明如下：

（1）机组画面。主控画面。

（2）锅炉流程主画面。包括制粉系统（6 台磨煤机 MA～MF）、制粉系统总图、炉膛总图（油枪布置）、炉前燃油系统、油燃烧器、一次风系统、二次风系统、暖风器系统、再热器系统、锅炉减温系统、等离子点火系统等画面。

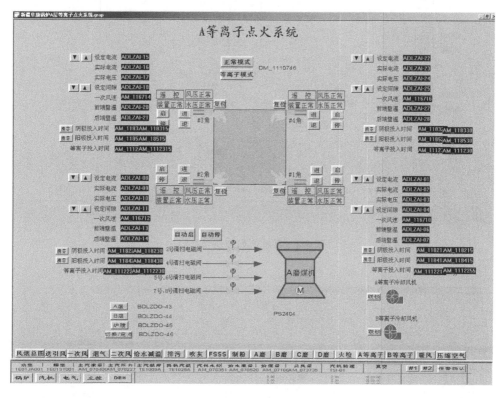

图 8-3 系统流程画面（一）

（3）锅炉流程子画面。包括磨煤机总貌监视、磨油系统、火检冷却风机、一次风机本体、送风机液压油站、引风机本体、前后墙风箱系统、空气预热器、炉膛烟温探针等画面。

（4）汽轮机流程主画面。包括汽水系统总图、主汽系统、高压加热器抽汽及疏水系统、低压加热器抽汽及疏水系统、辅助蒸汽系统、循环水系统、汽轮机真空系统、凝结水系统、给水系统、1A 汽泵、1B 汽泵、汽轮机润滑油系统、汽轮机安全监控系统、发电机氢冷系统、汽轮机汽封系统等画面。

（5）汽轮机流程子画面。包括汽轮机本体疏水系统、汽轮机疏水扩容器系统、厂循环水系统、开式循环水系统、循环水泵油系统、闭式循环水系统、凝结水减温水系统、汽泵 A 安全监视系统、汽泵 A 本体、汽泵 B 安全监视系统、汽泵 B 本体、电泵本体、润滑油净油系统、EH 油系统、发电机密封及润滑油系统等画面。

（6）电气流程主画面。包括发电机主变压器系统、6kV 厂用系统、6kV 公用系统（1C段）、0.4kV 厂用系统、0.4kV 公用系统等画面。

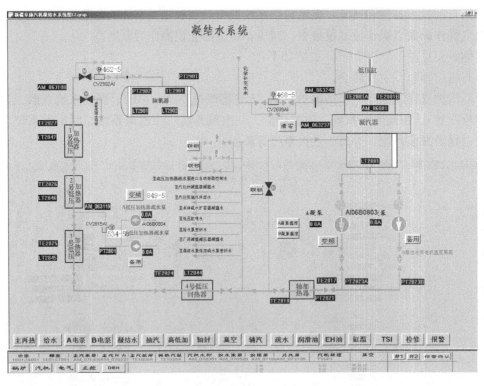

图 8-4　系统流程画面（二）

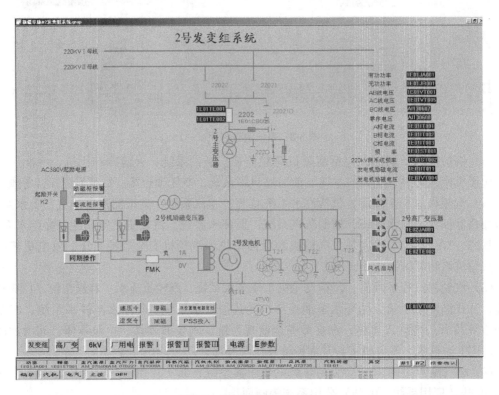

图 8-5　系统流程画面（三）

（7）电气流程子画面。发电机励磁系统、6kV 公用系统（2C 段）、0.4kV 公用 MCC 系统、1 号主厂房 220kV 直流系统、1 号主厂房 110kV 直流系统、1 号机组 UPS 系统等画面。

（8）菜单画面。包括机组主菜单、锅炉菜单、汽轮机菜单、电气菜单。

2. 图例显示说明

在所有的流程图上，共同遵守如下定义：油管道为黄色，汽管道为红色，水管道为绿色，气管道为蓝色。过程参数显示定义是：正常值显示为绿色；当过程变量产生高报警、低报警时，在数据显示边会出现闪烁的 H/L；当过程变量为坏质量时，数据不显示，会出现黄色 * 图标。

所有现场设备，当坏质量时显示为黄色，具体定义如下。

（1）电动门　和挡板　。颜色根据其开关状态而变，具体如下：

开状态：	红色
关状态：	绿色
正在开：	红闪色
正在关：	绿闪色
故　障：	黄色
无反馈：	白色
双反馈：	白色

（2）风机　、泵　和电动机　。颜色根据其启停状态而变，具体如下：

启状态：	红色
停状态：	绿色
故　障：	黄色
跳　闸：	橙色

（3）电磁阀　。颜色根据其启停状态而变，具体如下：

启状态：	红色
停状态：	绿色
故　障：	黄色
无反馈：	白色
双反馈：	白色

（4）气动阀，　（截止）和　。颜色根据其启停状态而变，具体如下：

启状态：	红色
停状态：	绿色
故　障：	黄色
无反馈：	白色
双反馈：	白色

（5）中间停设备，电动门　和挡板　。颜色根据其开关状态而变，具体如下：

开状态：	红色

关状态：	绿色
正在开：	红闪色
正在关：	绿闪色
中间停：	半红半绿
故　障：	黄色
无反馈：	白色
双反馈：	白色

（6）调门。颜色根据其手自动状态而变，具体如下：

手动状态：	红色
自动状态：	绿色

（7）断路器。颜色根据其开关状态而变，具体如下：

开状态：	红色
关状态：	绿色
故　障：	黄色
无反馈：	白色
双反馈：	白色

3．操作及显示画面

（1）MCS 操作窗口画面。在机组各流程图上点击对应设备，弹出设备操作器。在面板上有设备名称，在面板下方为当前回路输出数据及棒状图显示，上方显示测量值（PV）、设定值（SP）、跟踪方式、操作状态、控制块信息（手/自动），如图 8-6 所示。

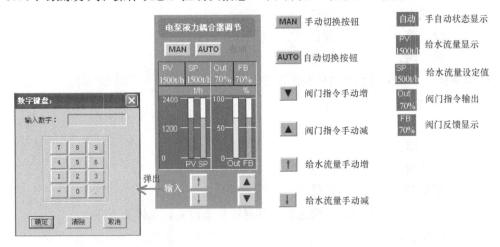

图 8-6　MCS 操作窗口画面

（2）SCS 操作窗口画面（如图 8-7 所示）。操作窗口画面包含如下信息：操作设备的名称；操作按钮及状态反馈，操作包括启/停、开/停/关等，反馈包括已启/已停、已开/中间停/已关等；显示设备故障及当前操作方式（手/自动）；操作不允许。

（3）ECS 操作窗口画面（如图 8-8 所示）。电气操作面板与电动门操作面板相似，操作窗口画面包含如下信息：操作设备的名称编号；操作按钮及状态反馈，操作为合闸/分闸，

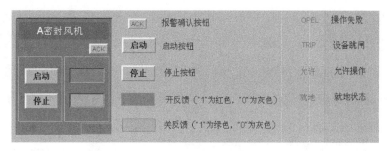

图 8-7　SCS 操作窗口画面

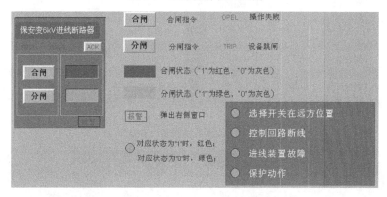

图 8-8　ECS 操作窗口画面

反馈为已和/已分；STATUS 中显示设备故障及当前操作方式（手/自动）；操作不允许。

（4）程控画面。图 8-9 所示为程控投入画面。调出程控投入面板进行操作，程控投入时，画面上会显示程控的当前步号及当前步骤时间。当有步骤在有效时间内没有完成时，画面上会跳出失败信号 FAIL，显示颜色为红色。

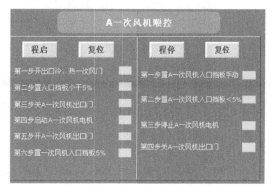

图 8-9　程控投入画面

程控画面中详细标明每一步的动作及反馈。程控进行到某步时，当前步的指令框进行红闪，不为当前步的指令框为灰白色。当对应步完成时，右侧框为定红色。

4. 显示功能

（1）流程图显示。系统流程图有菜单，画面显示一般包括锅炉、汽轮机、电气菜单和多画面辅助菜单。运行人员可通过该菜单打开局部系统画面，如图 8-10 所示。

（2）系统参数显示。系统参数是指接入数据采集系统的现场模拟量参数和开关量参数。一般有单点显示和成组显示。

1）单点显示。一般将重要的模拟量信号在系统的各个画面上显示出来，右击鼠标可调出点的信息，包括点的名称、类型、站号、卡号、通道号，以及量程上、下限，报警上、下限等。

2）成组显示。将不太重要的点分成一类，用统一的格式做在单独的一幅画面上，需要的时候可以从 CRT 上调出显示出来，如图 8-11 所示。

图 8-10　局部系统画面（锅炉）

图 8-11　系统参数成组显示

（3）报警显示。在 LN2000 系统的软件系统中，为了保证机组的安全运行，保证运行人员更好地监视，一般有如下几种报警功能：报警一览显示、光字牌报警、声音报警、在各个流程图中的报警。

1）报警一览显示。它显示出当前处于报警状态的所有参数，红色表示报警，绿色表示正常，包括该参数的名称和点号。一般分为锅炉、汽轮机、电气三大部分报警。

2）光字牌报警。光字牌报警只是把很重要的设备的状态和参数进行报警，通过 CRT 的显示，运行人员可方便地检测到设备出现了故障。有报警时光字牌闪烁并有颜色变化，确认之后不再闪烁，如图 8-12 所示。

3）声音报警。在 LN2000 系统启动主画面中，单击"报警显示"可出现声音报警，在

图 8-12　光字牌报警显示

声音报警中可根据声音不同来报警，一般分为普通、次急、紧急、特急同时辅以颜色的变化。声音报警包括实时报警和历史报警。

4）在各个流程图中的报警。该报警可设计成闪烁的形式，如果运行过程中出现压力过高或过低等情况就以闪烁的形式来报警。

在 LN2000 系统的系统模拟图中还有多画面菜单，在多画面菜单上可以对出现故障的设备提出报警（内容包括参数点名、参数名称、恢复时刻、参数的运行值或状态等）。

（4）趋势曲线显示。在 LN2000 系统的软件系统中，趋势曲线显示包括实时和历史趋势显示。实时趋势中的趋势点从系统数据库中读取数据点信息，实时显示数据点的变化趋势；历史趋势从历史数据库里读取数据点的信息，并从历史数据文件 Hisdata \ rec 里读取数据，显示指定时间区间的变化趋势。每个趋势组最多可以选择 8 个趋势点同时显示，8 个趋势点用不同的颜色来显示，运行人员可根据自己的需要进行修改。其中还有 2 条坐标线：横向表示时间，纵向表示现场参数的量程和单位。

实时趋势能够取得所需的距当前数分钟的历史数据，实现历史与实时的无缝对接。如果某个设备跳闸的话，则可通过历史曲线方便地查出跳闸原因，而且可方便地查出现场参数在过去某个时间区间内的具体数值。可以选择显示 1min、30min、1h 等作为显示的时间范围，而且可以使曲线上移、下移、加长、缩短、前进、后退，如图 8-13 所示。

（5）记录报表打印。记录提供事后对安全、经济运行进行分析的依据，是用于发电机组安全、经济运行的重要功能。主要记录功能有事件顺序记录、报警打印记录、历史数据记录等。

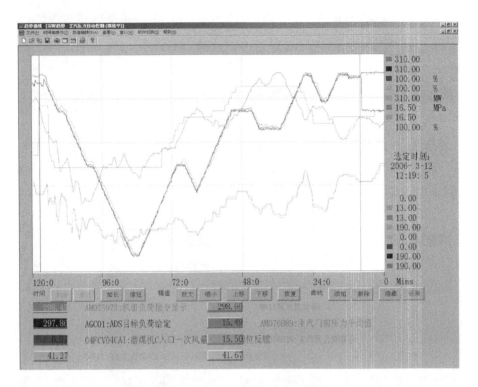

图 8-13　系统趋势曲线显示

四、控制策略设计组态

1. 模拟量控制系统（MCS）

模拟量控制系统最主要的部分是机组协调控制系统，这其中包括了如下内容：机炉协调控制方式、AGC 功能、机组目标负荷、机组负荷上限和下限、机组目标负荷变化率的设定、机组一次调频投入、主蒸汽压力设定、主蒸汽压力自动运行的投入、锅炉跟踪方式下锅炉主控指令的形成、协调控制方式下锅炉主控指令的形成、锅炉主控、汽轮机主控、RUN BACK 功能、煤主控、给煤机煤量控制等。另外，还有其他一些重要的控制系统，如磨煤机入口一次风量控制、磨煤机出口温度控制、燃油压力和雾化蒸汽调节阀、锅炉给水控制、锅炉过热蒸汽一级减温控制、锅炉过热蒸汽二级减温控制、燃烧器喷嘴摆动控制、锅炉再热器事故减温水控制、一次热风母管压力控制、炉膛压力控制、送风控制、除氧器水位控制、二次风箱挡板控制等。

以除氧器水位控制系统为例说明 DCS 系统的组态。

除氧器水位控制设计有单冲量和三冲量控制两种方式。按照设计，正常情况下单冲量控制范围采用副调节阀控制除氧器水位，三冲量控制范围采用主调节阀控制除氧器水位。为了避免单冲量和三冲量控制范围频繁切换，当机组给定负荷大于 30％时转为三冲量控制方式，当机组给定负荷小于 25％时转为单冲量控制方式。如果主调节阀和副调节阀同时投入自动，转入三冲量控制范围后副调节阀将自动缓慢关闭，转入单冲量控制范围后主调节阀将自动缓慢关闭。在三冲量控制范围内，如果出现锅炉给水流量信号故障或主凝结水流量信号故障，则自动转为单冲量控制方式，这时用主调节阀的单冲量调节器控制除氧器水位，如图 8-14 所示。

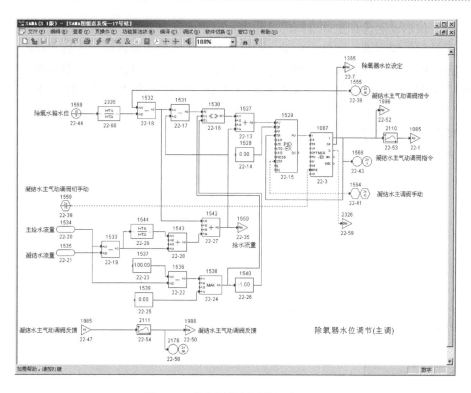

图 8-14 模拟量控制系统组态（一）

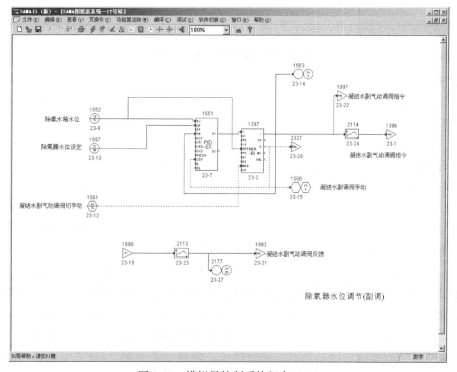

图 8-15 模拟量控制系统组态（二）

除氧器水位的设定值在主调节阀的操作器上设定。在单冲量控制范围副调节阀投入自动或在三冲量控制范围主调节阀投入自动，除氧器水位设定值才允许运行人员手动改变；在单冲量控制范围内，若副调节阀在手动，主调节阀在自动，也允许运行人员手动改变除氧器水位设定值，如图 8-15 所示。除氧器水位信号故障时除氧器水位调节阀强制手动，如图 8-16 所示。

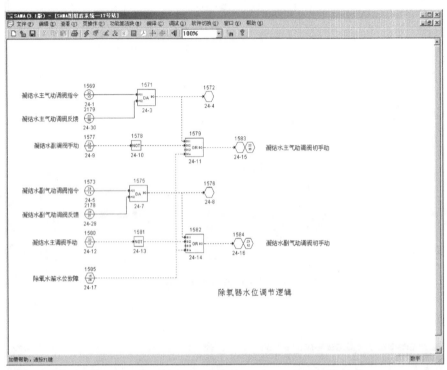

图 8-16　模拟量控制系统组态（三）

2. 炉膛安全监控系统（FSSS）

炉膛安全监控系统（Furnace Safeguard Supervisory System，FSSS）包括燃烧器控制系统及燃料安全系统，是现代大型火力发电机组的锅炉必须具备的一种监控系统。FSSS 能在锅炉正常工作和启停等各种运行方式下，连续地密切监视燃烧系统的大量参数与状态，不断地进行逻辑判断和运算，必要时发出运作指令，通过各种连锁装置使燃烧设备中的有关部件（如磨煤机组、点火器组、燃烧器组等）严格按照既定的合理程序完成必要的操作，或对异常工况和未遂性事故作出快速反应和处理。FSSS 能够防止炉膛的任何部位积聚燃料与空气的混合物，防止锅炉发生爆燃而损坏设备，以保证操作人员和锅炉燃烧系统的安全。FSSS 是监控系统，是安全装置，是安全连锁功能级别中的最高等级。

FSSS 控制系统包括系统的控制、连锁、保护功能。FSSS 的硬件组成共分配了 5 对控制器。该工程炉膛 FSSS 包括了公用控制逻辑、燃油控制逻辑及燃煤控制逻辑三大部分。

公用控制逻辑部分包含锅炉保护的全部内容，即炉膛吹扫、主燃料跳闸（MFT）、油燃料跳闸（OFT）、首出原因记忆、点火条件、点火能量判断、RB 等。公用控制逻辑还包括对 FSSS 公用设备（如火检冷却风机、密封风机、燃油主跳闸阀、MFT 继电器、OFT 继电器）的控制。

燃油控制逻辑包括各对油燃烧器投、切控制及油层投、切控制。

燃煤控制逻辑包括各制粉系统（煤层）的顺序控制及单个设备的控制。

FSSS 配置有 5 对 PU：1 号 PU 为 FSSS 公共逻辑部分，包括炉膛吹扫、主燃料跳闸（MFT）、油燃料跳闸（OFT）、首出原因记忆、火检冷却风机、密封风机等控制；2 号 PU 为等离子控制逻辑；3 号 PU 为 A、D 磨煤机控制逻辑，以及 AB 层油控制；4 号 PU 为 B、E 磨煤机控制逻辑，以及 CD 层油控制；5 号 PU 为 C、F 磨煤机控制逻辑，以及 EF 层油控制。

以送风机和引风机停止触发 MFT 为例说明 FSSS 逻辑的 DCS 组态，如图 8-17 所示。

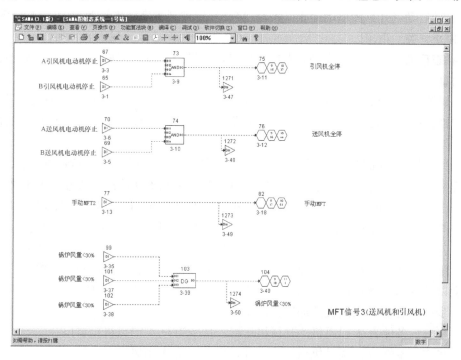

图 8-17　FSSS 逻辑的 DCS 组态

3. 锅炉顺序控制系统（BSCS）

（1）设计原则。顺序控制按照功能子组、驱动两级设计。功能子组级的功能是顺序启动（投入）和顺序停止（切除）控制，以及主、备用设备连锁启动或停止。驱动级的功能是启（开）、停（关）连锁和保护，操作站操作启（开）、停（关），还有启（开）、停（关）及故障反馈信号监视，驱动级控制设备为泵、风机、电动门或挡板开度。

功能子组顺序启动和顺序停止的投入功能是使顺序控制步序开始运行，该子功能组的设备按预先设计的顺序逐步投运或停止。投入方式有两种：运行员在操作画面上切为手动方式再操作投入，或按预先设计的逻辑自动投入。

功能子组启动和停止步序的中止（停止）功能是可在步序进行到任何时刻，使步序复位。步序复位后，再次投入将从第一步重新开始。操作方式是运行员在操作画面上切为手动方式再操作。

步序全部完成时，自动复位，进入初始状态，准备步序下一次的"投入"。当步序计时已超，而步进条件不满足时，产生步序失败，程序复位。同时操作画面上报警显示"故障"，再次投入将从第一步重新开始。

驱动级设备由运行员在操作画面上操作，并具有如下的功能：

1）启动（开）允许。只有允许条件满足，运行员操作和自动启动（开）的指令才能产生"启动（开）"输出。

2）停止（关）允许。只有允许条件满足，运行员操作和自动停止（关）的指令才能产生"停止（关）"输出。

3）保护连锁。具有最高优先级，将旁路"允许"条件产生保护"启动（开）"或保护"停止（关）"输出。

4）自动启动（开）和自动停止（关）。接受顺序控制步序和连锁逻辑的输出，产生启动（开）和停止（关）请求。

5）状态反馈。接受设备现场状态反馈信号，并进行监视，向画面送出正常状态或故障状态的信息。

（2）锅炉顺序控制系统。锅炉顺序控制系统包括锅炉烟风系统、锅炉辅机设备及系统的控制、连锁、保护功能。锅炉顺序控制系统设计为子功能组级和驱动级二级控制的层次性结构。

锅炉顺序控制系统配置有 6 个 PU，即 8～13 号 PU。其中 8 号 PU 负责过热器、再热器系统及疏水；9 号 PU 控制 A 送风机子功能组、A 引风机子功能组、A 空气预热器子功能组、A 一次风机子功能组；10 号 PU 管理 B 送风机子功能组、B 引风机子功能组、B 空气预热器子功能组、B 一次风机子功能组；11 号 PU 控制给水和减温水系统、锅炉疏水系统、辅汽部分设备；12 号 PU 控制暖风器系统、吹灰系统；13 号 PU 负责锅炉启动系统。锅炉顺序控制系统部分共划分为 11 个功能子组，其中设计了 8 台（套）设备的顺序控制。

下面以 A 引风机顺控启动为例对 DCS 组态进行介绍，如图 8-18 所示。

（1）步一。启动 A 引风机冷却风机。

（2）步二。条件为 A 引风机冷却风机运行，指令为开 A 引风机出口门。

（3）步三。条件为 A 引风机出口门全开，指令为关 A 引风机入口门。

（4）步四。条件为 A 引风机入口门全关，指令为 A 引风机入口调节门置 0。

（5）步五。条件为 A 引风机入口调节门已置 0，指令为启动 A 引风机电动机。

（6）步六。条件为 A 引风机电动机运行，指令为开 A 引风机入口门。

（7）步七。A 引风机入口调节门置 5%，启动顺控完成。

4. 汽轮机顺序控制系统（TSCS）

汽轮机顺序控制系统设计为子功能组级和驱动级二级控制的层次性结构，子组控制项目包括以下系统的控制、连锁、保护功能。

（1）电动给水泵子组项包括电动给水泵、电动给水泵润滑油泵、出口阀门、前置泵进口阀等。

（2）高压加热器子组项，包括高压加热器进水阀、出水阀、旁路阀、抽汽隔离阀、抽汽止回阀，以及高压加热器疏水阀、抽汽管道疏水阀门等。

（3）低压加热器子组项，包括低压加热器进水阀、出水阀、旁路阀、低压加热器疏水阀门、抽汽管道疏水阀门等。

（4）凝结水子组项，包括凝结水泵（凝升泵）、凝结水管路阀门等。

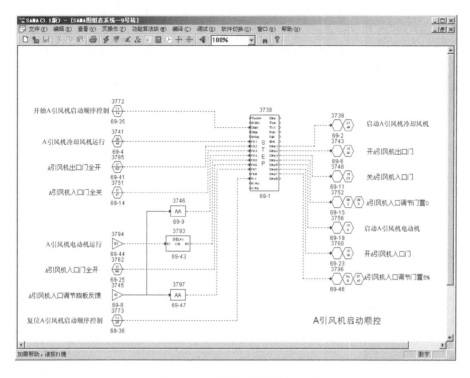

图 8-18　A引风机顺序控制启动

（5）汽轮机油系统子组项，包括交流辅助油泵、危急油泵、交流启动油泵、1/2 号顶轴油泵、主汽轮机润滑油箱排烟风机 A/B、主润滑油箱加热器、主汽轮机润滑油输送泵 A/B、主汽轮机润滑油卸油输送泵等。

（6）汽轮机蒸汽管道疏水阀子组项，包括主蒸汽、再热蒸汽、排汽管道疏水阀门等。

（7）凝汽器真空系统子组项，包括射水泵、射水抽气器、管路有关阀门等。

（8）汽轮机轴封系统子组项，包括轴封供汽阀门、汽轮机本体疏水阀门等。

（9）辅助蒸汽系统。

（10）发电机定子冷却水系统。

（11）发电机密封油系统，包括发电机主密封油泵 A/B、发电机事故密封油泵、发电机排烟风机 A/B 等。

（12）闭式冷却水系统子组，包括闭式冷却水泵 A/B 及其出口门等。

（13）循环水系统子组，包括辅机循环水阀门、循环水 A/B 侧滤网出/入口门等。

汽轮机顺序控制系统硬件配置有 8 个站，即 15～21 号 PU，以及 23 号 PU。系统具体分布如下：15 号 PU 负责主汽轮机润滑油系统和 EH 油系统；16 号 PU 包含凝结水泵 A、低压加热器系统、真空系统；17 号 PU 包含凝结水泵 B、除氧系统、高压加热器系统；18 号 PU 包含轴封及辅汽；19 号 PU 包含电动给水泵 A 及汽轮机疏水 1；20 号 PU 包含电动给水泵 B 及汽轮机疏水 2；21 号 PU 包含电动给水泵 C，23 号 PU 包含开闭式泵。

图 8-19 所示为高压加热器水位保护。

5. 电气控制系统（ECS）及电气公用系统

电气控制系统包括电气系统的控制、连锁、保护功能。电气控制系统设计为子功能组级

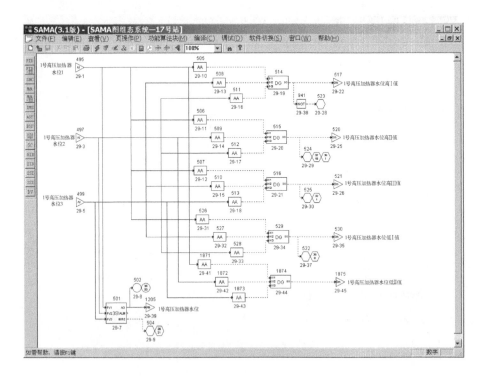

图 8-19　高压加热器水位保护

和驱动级二级控制的层次性结构。电气控制系统系统配置有 4 个 PU：26 号 PU 包括发电机—变压器组，27 号 PU 包括厂用电 1，28 号 PU 包括厂用电 2，34 号 PU 包括电气公用。

机组顺序控制并网组态逻辑如图 8-20 所示。

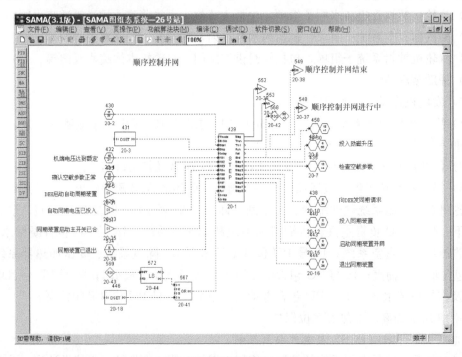

图 8-20　机组顺序控制并网组态逻辑

6. 公用控制系统（COM）

公用控制系统包括两台机组公用系统的控制、连锁、保护功能。公用控制系统设计为子功能组级和驱动级二级控制的层次性结构。公用控制系统配置有 2 个 PU：32 号 PU 负责燃油泵房控制，33 号 PU 负责 A、B、C、D 4 台空气压缩机。

空气压缩机控制逻辑如图 8-21 所示。

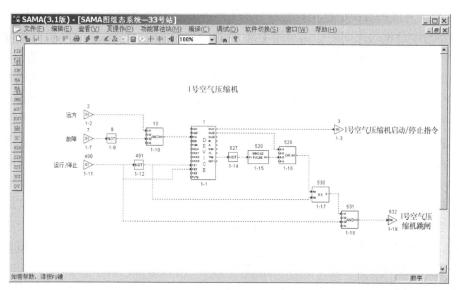

图 8-21　空气压缩机控制逻辑

第三节　2×300MW 火电机组辅助系统控制方案

一、概述

目前，国内火力发电厂控制的模式是有机组集中控制室和电子设备间，在其中安装机组的主控系统，主控系统采用 DCS；除此以外，机组的辅助系统，如化学水处理系统、灰渣处理系统、输煤系统等，基本上采用 PLC（可编程序控制器）控制方式，设置化学水处理控制室、灰渣控制室、燃料控制室等。对于独立且分散的 PLC 控制系统，存在着备品备件种类多、难以管理及设备投资大等缺点。长期以来，各工程常规采用 PLC 系统相对采用 DCS 系统具有一定的价格优势。但随着硬件及软件技术的进步和市场竞争的加剧，DCS 系统的价格逐步下降，特别是国产 DCS 的价格目前已在较低的水平，机组辅助系统控制采用 DCS 系统控制的性能价格比已超过采用 PLC 控制系统。在某电厂 2×330MW 机组工程中，采用 LN2000 DCS 完成了对两台发电机组辅助系统的控制，实现了机组辅助控制系统一体化，这一系统简称为辅控 DCS，包含了化学水处理、含煤废水处理、制氢站、工业废水处理、凝结水精处理、输煤、除灰除渣、脱硫等子系统。

二、DCS 用于辅助控制的主要技术

1. 通信网络

LN2000 系统采用了两级通信网络：实时数据网和现场总线网（CAN 协议）。

实时数据网采用无服务器对等网络结构，负责各功能节点（包含过程控制站节点、操作员站节点、工程师站节点等）间实时信息和命令的通信。实时数据网采用以太网协议并采用冗余配置，通信速率为 100Mbit/s，满足了高速、可靠、开放的工业控制计算机网络要求。在通信距离为 100m 以内，其通信介质可以采用超五类双绞线，通信速率为 100Mbit/s；当通信距离超过 100m 时可以采用单膜或多膜光纤。各个辅助系统之间可以使用以太网连接起来，满足全厂范围辅助系统一体化控制的通信要求。

CAN 现场总线负责一个过程控制站与其下层各 I/O 模块之间的通信，也采用冗余配置，过程控制站与 I/O 模块之间的通信采用主从方式，使通信更加可靠。CAN 信号传输采用短帧结构，网络有很强的检错及纠错功能，错误概率低，可靠性高，抗干扰能力强。其传输介质可以是屏蔽双绞线或光纤，通信速率为 1Mbit/s（距离为 40m 以内），每个过程控制站在管理 50 个 I/O 模块时，扫描周期为 0.1s。当采用 20kbit/s 通信速率时，通信距离可以达到 3km，每个过程控制站在管理 50 个 I/O 模块时，扫描周期仅为 0.5s。系统中的 I/O 模块可以就地布置，通过远程 I/O 方式与过程控制站完成通信，满足全厂范围的通信，并且保证实时性要求。

2. 全局数据库技术

要实现辅控系统一体化，必须实现整个系统的全局数据库。LN2000 系统的实时数据库容量最大为 100 000 点，系统中过程控制站最大数目为 40 对，完全可以满足整个系统数据库的需求。数据库中数据点的索引号设置与硬件地址一一对应。在系统安装、组态、调试时，每个子系统的过程控制站、操作员站必须分配不同的站号，每个子系统可以单独进行，到整个系统联网时再合并成全局数据库，这样既方便了每个系统的安装调试，又保证在整个系统联网时不会产生冲突，实现整个系统信息共享。LN2000 系统没有特别的历史数据库，所有实时数据采用不失真压缩技术全部记录，并提供多种检索查询、统计手段，为实时监控、日常管理和故障分析提供依据。

3. 操作权限管理

辅控系统实现了一体化，实现了信息共享，方便了控制与管理，但也带来了其他问题，就是必须重视操作权限管理。并不是每个操作员都是全能的，输煤系统的操作员不一定能够正确操作化学水处理系统，所以必须对每个操作员的操作权限进行限制。LN2000 系统的操作权限管理是可以通过组态来实现的，可以配置每台操作员站对每个过程控制站是否有权操作，还可以设置每个操作员个人的操作权限，这样，可以实现不同的系统由不同人员操作的功能。

三、辅控 DCS 的控制方案

1. 总体网络结构

在某电厂续建 2×330MW 二期工程中，辅控系统包含了水务、输煤、除灰除渣、脱硫等子系统。辅控 DCS 总体网络结构如图 8-22 所示。主控制室内配置了两台监控站，通过冗余的数据交换机监控各个子系统。

2. 水务子系统

水务子系统包括化学水处理、含煤废水处理、制氢站、工业废水处理、凝结水精处理等。水务子系统配置如图 8-23 所示。在集中控制室配置了 4 台操作员站负责整个子系统监控。化学水处理配置了 3 对过程控制站，完成预处理、反渗透、水处理等控制功能。工业废水处理、凝结水精处理、含煤废水处理、制氢站的控制由布置在就地的操作站和控制柜完

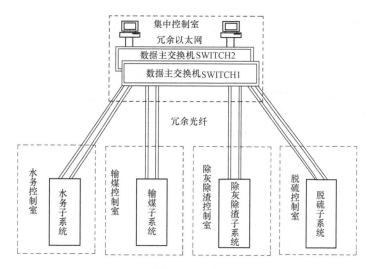

图 8-22 辅控 DCS 总体网络结构

成，同时用光纤与水务监控系统相连。工业废水处理、凝结水精处理中还设置了远程I/O柜。

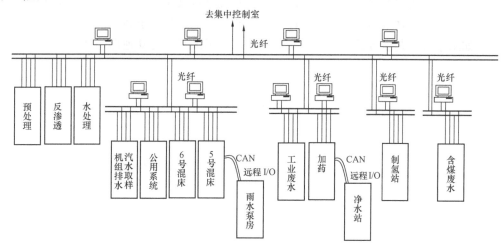

图 8-23 水务子系统配置

3. 输煤控制子系统

输煤子系统总点数为 1396 点，配置了 2 台操作员站，其中一台兼作工程师站和历史站；使用了 3 对冗余的过程控制站，其中有 2 对远程站；远程与主控之间现场总线进行通信，如图 8-24 所示。

4. 除灰除渣子系统

除灰除渣子系统配置了 4 对过程控制站和 2 个操作员站。每台机组的除灰、除渣各用 1 对控制站，其中除渣为远程方式，如图 8-25 所示。

5. 脱硫子系统

脱硫子系统共配置了 7 对过程控制站和 2 台操作

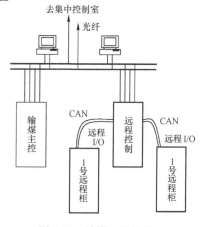

图 8-24 输煤子系统配置

员站，其中石膏脱水和废水处理的控制采用了远程方式，如图 8-26 所示。

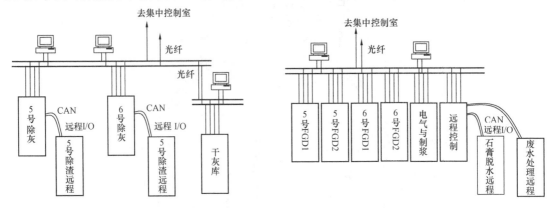

图 8-25　除灰除渣子系统配置　　　　　　图 8-26　脱硫子系统配置

四、控制方式的主要特点

（1）各辅助系统可独立运行，进行手动和程序控制。

（2）各辅助系统的就地操作员站只能对各自系统进行操作，不能进行相互操作。

（3）集控操作员站根据设定权限可以操作所有子系统或某些子系统。

（4）如果系统工艺设备状态良好，则可以取消各辅助系统的就地操作站。

参 考 文 献

［1］ 王常力，罗安. 分布式控制系统(DCS)设计与应用实例. 北京：电子工业出版社，2004.

［2］ 印江，冯江涛. 电厂分散控制系统. 北京：中国电力出版社，2006.

［3］ 张新薇，高峰，陈旭东. 集散系统及系统开放. 2版. 北京：机械工业出版社，2008.

［4］ 高伟. 300MW火力发电机组丛书计算机控制系统. 北京：中国电力出版社，2000.

［5］ 白焰，吴鸿，杨国田. 分散控制系统与现场总线控制系统：基础评选设计和应用. 北京：中国电力出版社，2001.

［6］ 王付生. 电厂热工自动控制与保护. 北京：中国电力出版社，2005.

［7］ 阳宪惠. 工业数据通信与控制网络(新编信息控制与系统系列教材). 北京：清华大学出版社，2003.

［8］ 韩璞，等. 火电厂计算机监控与监测. 北京：中国水利水电出版社，2005.

［9］ 韩璞，周黎辉，孙海蓉，等. 分散控制系统的人机交互技术. 北京：电子工业出版社，2007.

［10］ 李子连. 火电厂自动化发展综述. 中国电力，2004，37(2)：1-6.